Erwin Dee Kord (Hrsg.)

Anke Late Night

Erwin Dee Kord (Hrsg.)

Anke Late Night

Late-Night-Show

Solv

Imprint

All parts of this book are extracted from Wikipedia, the free encyclopedia (www.wikipedia.org).

You can get detailed informations about the authors of this collection of articles at the end of this book. The editors (Ed.) of this book are no authors. They have not modified or extended the original texts.

Pictures published in this book can be under different licences than the GNU Free Documentation License. You can get detailed informations about the authors and licences of pictures at the end of this book.

The content of this book was generated collaboratively by volunteers. Please be advised that nothing found here has necessarily been reviewed by people with the expertise required to provide you with complete, accurate or reliable information. Some information in this book maybe misleading or wrong. The Publisher does not guarantee the validity of the information found here. If you need specific advice (f.e. in fields of medical, legal, financial, or risk management questions) please contact a professional who is licensed or knowledgeable in that area.

Cover image: www.ingimage.com
Concerning the licence of the cover image please contact ingimage.

Publisher:
Solv is a trademark of
International Book Market Service Ltd., 17 Rue Meldrum, Beau Bassin, 1713-01 Mauritius
Email: info@bookmarketservice.com
Website: www.bookmarketservice.com

Published in 2012

Printed in: U.S.A., U.K., Germany. This book was not produced in Mauritius.

ISBN: 978-613-8-53410-5

Anke_Late_Night

Seriendaten	
Originaltitel	Anke Late Night
Produktionsland	Deutschland
Produktionsjahr	2004
Produktions-unternehmen	Brainpool
Länge	50
Episoden	68 in 2 Staffeln
Ausstrahlungs-turnus	Montag bis Freitag gegen 23.15 Uhr
Genre	Late-Night-Show
Moderation	Anke Engelke
Erstausstrahlung	17. Mai 2004 auf Sat.1

Anke Late Night war eine von Brainpool produzierte deutsche Late Night Show.

Geschichte

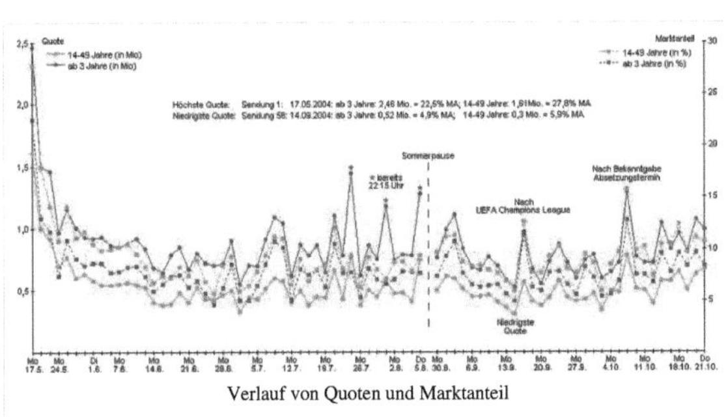

Verlauf von Quoten und Marktanteil

Die von Anke Engelke moderierte Sendung startete am 17. Mai 2004 bei Sat.1 auf dem Sendeplatz der Harald Schmidt Show. Hausband der Sendung war die "Electric Ladyband", geleitet von Claus Fischer, vormals Bassist bei der TV total-Band. Für Aufsehen sorgte vor der Premiere eine 10.000-Euro-Wette zwischen Rudi Carrell und Olli Dittrich. Carrell hatte gewettet, dass die Show ein Reinfall würde. Die Wette wurde später zurückgezogen.

Rezeption nach der Premierensendung

Die Show konnte die Erwartungen vieler nicht erfüllen und verlor bereits in der ersten Woche erheblich an Zuschauern. Dem im voraus angekündigten Anspruch, tagesaktuelle Gäste einzuladen, konnte die Sendung bis zu ihrer Absetzung 18 Wochen nach ihrer Premiere nicht nachkommen.

Sommerpause und Einstellung

Vom 5. August bis 30. August 2004 ging Anke Late Night trotz gegenteiliger Ankündigungen von Sat.1 in die Sommerpause. Dies nährte die Gerüchte, die meist negative Kritik sowie die konstant erheblich unter den Erwartungen liegenden Quoten würden zur Einstellung der Show führen. Am 21. Oktober 2004 wurde die Show schließlich aus diesem Grund abgesetzt.

Weblinks

Anke Late Night [1] bei brainpool.de, abgerufen am 9. Juli 2010

References

[1] http://www.brainpool.de/bpo/de/programme/shows/ankelatenight/index.html

Late-Night-Show

Die **Late-Night-Show** ist eine aus den USA stammende spezielle Form von Show, die normalerweise spät am Abend gesendet wird und sich am besten als eine Mischung aus Talkshow und Comedy beschreiben lässt. Aufgekommen ist das Format in Amerika in den frühen 1950er Jahren, und ist seitdem ein fester Bestandteil des Fernsehprogramms. Steve Allen, Jack Paar und Johnny Carson von der The Tonight Show gehören zu den Pionieren dieses Genres.

Bekannte Late-Night-Shows

Heute sind es unter anderem folgende Namen, die mit dem Begriff Late-Night-Show in Verbindung gebracht werden:

- Jay Leno (The Tonight Show, 1992–2009, The Jay Leno Show 2009–2010, The Tonight Show with Jay Leno seit 2010)
- Conan O'Brien (Late Night with Conan O'Brien 1993–2009, The Tonight Show with Conan O'Brien 2009–2010), Conan (seit 2010)
- David Letterman (Late Night with David Letterman 1982–1993, Late Show with David Letterman seit 1993)
- Jon Stewart (The Daily Show, 1996–1999 mit Craig Kilborn, seit 1999 mit Jon Stewart)
- Jimmy Kimmel (Jimmy Kimmel Live!, 2003)
- Craig Ferguson (The Late Late Show, seit 2005)
- Chelsea Handler (Chelsea Lately, seit 2007)
- Jimmy Fallon (Late Night with Jimmy Fallon, seit 2009)
- in Deutschland:
  - Thomas Gottschalk: Gottschalk Late Night, 1992–1995 (erste deutsche Late-Night-Show)
  - Harald Schmidt: Die Harald Schmidt Show, 1995–2003; Harald Schmidt, 2004–2007; Schmidt & Pocher, 2007–2009; Harald Schmidt, 2009–2011, Die Harald Schmidt Show, 2011-
  - Stefan Raab: TV total, seit 1999
  - Benjamin von Stuckrad-Barre: Stuckrad Late Night, seit 2010
- in Österreich:
  - Dirk Stermann und Christoph Grissemann: Willkommen Österreich, seit 2007
- in der Schweiz:
  - Viktor Giacobbo: Viktors Programm 1990–1994; Viktors Spätprogramm 1995–2002; Giacobbo/Müller – Late Service Public seit 2008
  - Mike Müller: Giacobbo/Müller – Late Service Public seit 2008

Typische Stilmerkmale

Die klassische Late-Night-Show beginnt mit einem Monolog, der sich mit aktuellen Themen befasst, gefolgt von einem Hauptteil und einem Talkteil, sowie einem Musikteil. Weitere Merkmale sind:

- Die typische Studio-Deko (z.B. Nachthimmel, Skyline)
- Die Band samt Bandleader, der von Zeit zu Zeit als Ansprechpartner fungiert (Kevin Eubanks, Max Weinberg, Paul Shaffer, Helmut Zerlett, Herbert Jösch)
- Eventuell ein Sidekick (Andy Richter, Manuel Andrack, Sven Schuhmacher, Katrin Bauerfeind, Elton)
- Die stets korrekte Kleidung des Moderators.

Deutschland

Night-Shows aus Deutschland sortiert nach dem Zeitpunkt der ersten Ausstrahlung:

- Gottschalk Late Night (RTL, 1992–1995)
- RTL Nachtshow mit Thomas Koschwitz (RTL, 1994–1995)
- Die Harald Schmidt Show (Sat.1, 1995–2003; seit 2011)
- TV total (ProSieben, seit 1999)
- Late Lounge mit Roberto Cappelluti (hr-fernsehen, 1999–2004)
- Grünwald Freitagscomedy (Bayerisches Fernsehen, seit 2003)
- SWR3 RingFrei! (SWR, 2003–2006)
- Nachtfalke (Tele 5, 2003–2005)
- Sarah Kuttner – Die Show/Kuttner. (VIVA/MTV, 2004–2006)
- Anke Late Night (Sat.1, 2004)
- Harald Schmidt (ARD, 2004–2007, 2009-2011)
- Late Knights mit Nils Bomhoff und Etienne Gardé (GIGA, 2006–2009)
- Die Niels Ruf Show (Sat.1 Comedy, 2006–2008; Sat.1, 2008)
- SWR3 latenight (SWR, seit 2007)
- Schmidt & Pocher (ARD, 2007–2009)
- Achtung! Hartwich (RTL, 2008)
- Walter Late Night (OK43, 2008)[1]
- Die Oliver Pocher Show (Sat.1, 2009–2011)
- Stuckrad Late Night (ZDFneo, 2010-2011)
- NeoParadise (ZDFneo, seit 2011)

Österreich

In Österreich lief in den Jahren 1994–1996 die *Hermes Phettbergs Nette Leit Show*, dessen Namen in Form eines Schüttelreims auf Late-Night anspielte. Seit 2004 wird auf ORF 1 in der Comedyschiene *Donnerstag Nacht* eine Late-Night-Show, moderiert von Alfred Dorfer, namens *Dorfers Donnerstalk* ausgestrahlt. Der Stil der Sendung erinnert an eine Late-Night-Show, handelt aber auch mit fiktiven Personen oder Kabarettisten, die meistens Politiker darstellen sollen. Im Jahr 2007 wurde Willkommen Österreich, in verfremdeter Anlehnung an die Vorabendillustrierte Willkommen Österreich, das erste Mal gesendet (moderiert durch Dirk Stermann und Christoph Grissemann) und ab Herbst 2007 zu einer kabarettistischen Late-Night-Show im Rahmen der *Donnerstag Nacht* weiterentwickelt.

Schweiz

In der Schweiz waren Late-Night-Shows bisher nicht sehr erfolgreich. Das Schweizer Fernsehen DRS versuchte es zwischen 1997 und 1999 mit der Sendung „Night Moor“ mit Dieter Moor. Einige Monate zuvor war die Show „Feinheiten“ mit Raymond Fein nach nur einer Sendung, einerseits aufgrund der schlechten Kritik, andererseits aufgrund einer plötzlichen Erkrankung des Moderators, wieder abgesetzt worden.

Am 17. Oktober 2005 startete mit „Black'n'Blond“ eine neue Late-Night-Show auf SF zwei. Moderiert wurde sie von Roman Kilchsperger und Chris von Rohr. Das Format wurde jedoch nach der Sommerpause 2006 wegen zu niedriger Einschaltquoten abgesetzt. Am 27. Januar 2008 sendete das Schweizer Fernsehen auf SF 1 zum ersten Mal die neue Late-Night-Show Giacobbo/Müller aus. Im Gegensatz zu Black'n'Blond befinden sich die Einschaltquoten auf einem normalen Niveau.

Niederlande

In den Niederlanden gibt es nur eine Late-Night-Show, die jedoch sehr erfolgreich ist und hohe Einschaltquoten verzeichnet. Im Verhältnis zu deutschen oder auch amerikanischen Late-Night-Shows ist JENSEN! mit dem sehr provokant auftretenden Moderator Robert Jensen sehr offen gestaltet.

Einzelnachweise

[1] *"WALTER LATE NIGHT"*. (http://www.turbo-media.de/walter_late_night.htm) Abgerufen am 7. Juni 2010.

Brainpool

BRAINPOOL TV GmbH	
BRAINPOOL	
Rechtsform	GmbH
Gründung	1994
Sitz	Köln-Mülheim
Leitung	Jörg Grabosch, Ralf Günther, Andreas Scheuermann, Andreas Viek
Branche	Fernsehen
Website	www.brainpool.de [1]

Die **Brainpool TV GmbH** mit Sitz in Köln-Mülheim ist eine TV-Produktionsfirma für leichte Unterhaltung (*Light Entertainment*) in Deutschland und ist über ihre verschiedenen Beteiligungen in den Bereichen TV-Produktion, Live-Konzerte und Festivals, Künstlermanagement, Produktionsdienstleistungen, Vermarktung und Rechteverwertung sowie Nachwuchsförderung tätig.[2]

Geschichte

Sie wurde am 28. November 1994 durch Jörg Grabosch, Martin Keß und Ralf Günther gegründet[3] und produzierte ab Januar 1995 die RTL Nachtshow mit Thomas Koschwitz. Weitere Produktionen folgten, meist für die Sender Sat.1, ProSieben und RTL.

Bis zum Börsengang am 23. November 1999 am Neuen Markt[4] wurde Brainpool Gesellschafter mehrerer anderer Medienunternehmen.

Im November 2001 wurde die 100-prozentige Übernahme durch die VIVA Media GmbH bekannt[5] und im Juli 2002 der Aktienhandel eingestellt. Durch die Übernahme von VIVA durch den MTV-Mutterkonzern Viacom 2004 gehörte Brainpool bis zum 31. Dezember 2006 zu Viacom.

Seit dem 1. Januar 2007 war Brainpool wieder eigenständig. Im Rahmen eines Management-Buy-outs kauften Grabosch und Günther die von ihnen gegründete Produktionsfirma mit Hilfe von Privatinvestoren zurück.[6] Neben ihnen hielten auch Stefan Raab und Andreas Scheuermann eine Beteiligung von jeweils 25 Prozent.[3]

Im Jahr 2008 schaltete das Unternehmen eine öffentliche Testversion seines Comedy-Portals „myspass.de" frei, über das seine Serien seitdem kostenlos betrachtbar sind.[7] [8]

Nach der Ausstrahlung eines 20-sekündigen Ausschnittes des Hessischen Rundfunks in seiner Sendung TV total wurden Raab und Brainpool am 26. Juni 2008 vom Bundesgerichtshof zur Zahlung einer Lizenzgebühr von 1.278,23 Euro (pro angefangener Minute) an die ARD verurteilt.[9]

Im Juli 2009 wurde bekannt, dass der französische TV-Produzent Banjjay mit 50 Prozent Anteil bei Brainpool einsteigt. Banjjay wurde 2008 von Stéphane Courbit, Ex-Chef der französischen Endemol-Tochter gegründet. Grabosch, Günter, Scheuermann und Raab verringern im Rahmen der Beteiligung ihre Anteile von jeweils 25 Prozent auf jeweils nur noch 12,5 Prozent.[10]

Das bis dato größte Crowdfunding-Projekt in Deutschland startete Brainpool im Dezember 2011. Für den geplanten Film zur TV-Serie Stromberg wollte das Unternehmen bis März 2012 eine Million Euro einsammeln.[11] Nach zwei Tagen lagen die Einnahmen bereits bei über 150.000 Euro.[12] Nach einer Woche war die Finanzierung der Fans von einer Million Euro komplett.[13]

Beteiligungen und Tochtergesellschaften (Auswahl)

- Mea Culpa Media Verwertungsgesellschaft mbH (100 %)
- Mea Culpa TV-Production (100 %)
- KÖLN COMEDY FESTIVAL GmbH (66,83 % am 31. Dezember 2008, 51 % seit April 2000)
- BRAINPOOL Live Entertainment GmbH (80 % am 31. Dezember 2008, 74,9 % seit August 2007) (bis Februar 2008 D'nA Productions GmbH)
- BRAINPOOL Artist & Content Services GmbH (100 %) (bis Juli 2007 e-tv Produktions- und Vermarktungsgesellschaft mbH)
- Stefan Raabs Raab TV-Produktion GmbH (100 % am 31. Dezember 2008, 50 % seit November 1998)
- Oliver Pochers Pocher TV GmbH (66,67 % über Raab TV-Produktion GmbH, 50 % seit September 2003)
- Eltons Elton TV Produktions GmbH (66,67 % über Raab TV-Produktion GmbH, 50 % seit September 2003)
- Sarah Kuttners Kuttner TV (50 %, seit September 2005)
- Anke Engelkes Ladykracher TV-Produktion GmbH (50 %)
- Axel Steins Stein TV-Produktions GmbH (50 %, seit Oktober 2003)

Frühere Beteiligungen (Auswahl)

- Bastian Pastewkas Glennford Pictures TV Produktion GmbH (50 %, seit Juli 2000)
- Aleksandra Bechtels Hasen TV (50 %, seit Juni 2001, Firma erloschen am 3. November 2008)

Produktionen (Auswahl)

Sendungen

- Alt & Durchgeknallt
- Anke Late Night
- Cindy aus Marzahn und die jungen Wilden
- Danke Anke!
- Der Bachelor
- Der deutsche Comedy Preis
- Die 10 ...
- Die Harald Schmidt Show (bis Juli 1998, ab dann Bonito)
- Die Ingo Appelt Show
- Die Pannenshow
- Die Sketch Show
- Die Wochenshow
- Elton vs. Simon
- Elton.tv
- Elton reist
- Freispruch
- Fröhliche Weihnachten
- keine ahnung?
- Knop's Spätshow
- Kuttner. (früher: Sarah Kuttner – Die Show)
- Ladykracher

- Liebe Sünde
- Mein neuer Freund
- Mensch Markus
- Mircomania
- NightWash
- ProSieben Fight Night
- Rent a Pocher
- RTL Promiboxen
- Schlag den Raab
- Schlag den Star
- Schmitz komm raus!
- Sketch Mix
- Sketch News
- TV total
- Unser Song für Deutschland
- Unser Star für Oslo
- Unser Star für Baku
- Voll witzig!
- Witzig ist Witzig

Serien

- Anke – die Comedyserie
- Axel! will's wissen
- Der Doc – Schönheit ist machbar
- Der kleine Mann
- Dr. Psycho – Die Bösen, die Bullen, meine Frau und ich
- Hilfe! Hochzeit!
- Kinder, Kinder
- Ladyland
- LiebesLeben
- Pastewka
- Stromberg

Filme

- Anansi
- Hierankl
- Vergiss Amerika
- Zwei Weihnachtsmänner

Bühnenshows

- Atze – Die Live-Kronjuwelen
- Bülent Ceylan Live!
- Cindy aus Marzahn – Schizophren
- Dieter Nuhr live – Nuhr vom Feinsten
- Eckart von Hirschhausen live! – Glück kommt selten allein …
- Eurovision Song Contest 2011 u. 2012[14]

- Ingo Appelt live - Männer muss man schlagen
- Kaya Yanar live! – Made in Germany
- Mario Barth – Männer sind Schweine
- Olaf Schubert Live!
- Oliver Pocher – It's my life

Einzelnachweise

[1] http://www.brainpool.de/

[2] Brainpool: *Geschäftsfelder.* (http://www.brainpool.de/bpo/de/unternehmen/geschaeftsfelder/) 19. September 2010, abgerufen am 19. September 2010 (deutsch).

[3] Geschichte des Unternehmens auf der offiziellen Webpräsenz (http://www.brainpool.de/de/unternehmen/geschichte/) abgerufen am 5. August 2007

[4] Auflistung der Neuemissionen am 23. November 1999 bei www.Deutsche-Boerse.com (http://www1.deutsche-boerse.com/INTERNET/EXCHANGE/zpd.nsf/PublikationenID/HAMN-52FHBQ/$FILE/v_m00_1.pdf?OpenElement) abgerufen am 5. August 2007

[5] Viva übernimmt Brainpool (http://www.tagesspiegel.de/wirtschaft/;art271,1973426) www.Tagesspiegel.de, abgerufen am 5. August 2007

[6] Pressemitteilung "Management-buy-out bei BRAINPOOL" (http://www.presseportal.de/story_rss.htx?nr=917816) vom 20. Dezember 2006

[7] *PRODUZENT STARTET TESTVERSION - "Stromberg" gratis: Brainpool startet myspass.de*, 17. März 2008, unter dwdl.de (http://www.dwdl.de/story/15083/stromberg_gratis_brainpool_startet_myspassde/)

[8] http://www.myspass.de/Myspass.de

[9] DWDL: *Brainpool bleibt gelassen nach "TV Total"-Urteil*, 27. Juni 2008, unter dwdl.de (http://dwdl.de/article/story_16489,00.html)

[10] *MIT 50 PROZENT - Französischer Produzent steigt bei Brainpool ein*, 2. Juli 2009, unter dwdl.de (http://www.dwdl.de/story/21654/franzsischer_produzent_steigt_bei_brainpool_ein/)

[11] http://www.ftd.de/it-medien/medien-internet/:crowdfunding-stromberg-zettelt-revolution-bei-filmfinanzierung-an/60143533.html

[12] http://www.myspass.de/specials/stromberg-kinofilm/

[13] http://www.horizont.net/aktuell/medien/pages/protected/Fans-investieren-1-Million-Euro-und-ermoeglichen-Stromberg---Der-Film_104671.html

[14] http://www.eurovision.tv/page/news?id=41573&_t=brainpool_chosen_eurovision_2012_production_partner

Weblinks

- Website der TV-Produktionsfirma Brainpool (http://www.brainpool.de)

21._Oktober

Der **21. Oktober** ist der 294. Tag des Gregorianischen Kalenders (der 295. in Schaltjahren), somit bleiben 71 Tage bis zum Jahresende.

Ereignisse

Politik und Weltgeschehen

- 63 v. Chr.: Konsul Marcus Tullius Cicero erfährt von der Catilinarischen Verschwörung unter der Führung des Lucius Sergius Catilina. Der römische Senat erklärt den Staatsnotstand mit erweiterten Vollmachten für die Konsuln.
- 1096: Beim Versuch eines Angriffs der wehrfähigen Mitglieder des Volkskreuzzuges auf die Stadt Nicäa geraten sie in einen Hinterhalt der Seldschuken. Die panische Flucht in ihr Feldlager endet mit dem Tod der meisten Kreuzfahrer. Nur etwa 3.000 Beteiligte können sich vor dem von ihren Gegnern durchgeführten Massaker in eine verlassene Burg retten.
- 1097: Im ersten Kreuzzug beginnt die Belagerung von Antiochia durch das Heer der Kreuzritter. Sie dauert bis zum 2. Juni des folgenden Jahres.
- 1520: Auf seiner Weltumsegelung sichtet Ferdinand Magellan ein Kap, das er nach dem Tag der Entdeckung *Cabo Virgenes* nennt. Das *Jungfrauenkap* liegt in der heutigen *Región de Magallanes y de la Antártica Chilena* am Eingang der später nach ihm benannten *Magellanstraße*.

1520: Magellans Reise

1600: Die Schlacht von Sekigahara

- 1600: In der Schlacht von Sekigahara gelingt es Tokugawa Ieyasu, die Vormachtstellung des Hauses Tokugawa in Japan zu festigen. Die Schlacht markiert den Übergang von der Sengoku-Zeit zur Edo-Zeit.
- 1638: Die Kirche in Widecombe-in-the-Moor wird nachmittags während des Gottesdienstes von einem Kugelblitz zerstört. Vier Menschen sterben und 60 werden verletzt. Das ungewöhnliche Wetterereignis führt zu einer dokumentierten Darstellung eines Kugelblitzes.
- 1792: Französische Revolutionstruppen marschieren im Ersten Koalitionskrieg in Mainz ein. In der Folge entsteht die Mainzer Republik als Tochterrepublik der Französischen Revolution.
- 1805: Mit dem Sieg über Napoleon Bonaparte in der Schlacht von Trafalgar während des Dritten Koalitionskrieges sichert Admiral Horatio Nelson, der in der Schlacht fällt, die britische Seeherrschaft.
- 1850: Die Staaten des Deutschen Bundes vereinbaren in der *Dresdner Konvention* die Einführung der Passkarte und damit die Abschaffung der Visumpflicht im innerdeutschen Reiseverkehr.
- 1854: Florence Nightingale reist mit 38 Krankenschwestern nach Scutari (heute Üsküdar in Istanbul, Türkei), um die Soldaten des Krimkrieges zu betreuen.

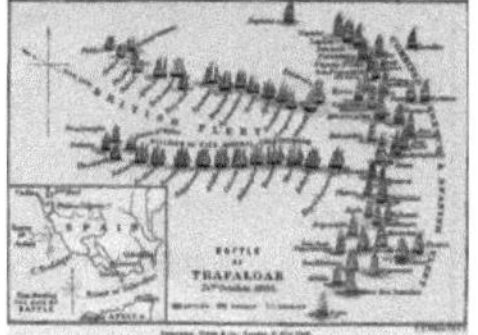
1805: Die Schlacht von Trafalgar

1861: Flucht der Unionssoldaten durch den Potomac

- 1861: Im Gefecht bei Balls Bluff während des Amerikanischen Bürgerkriegs besiegen die Südstaaten die Nordstaaten.
- 1872: Der von Großbritannien und den USA als Schiedsrichter angerufene Deutsche Kaiser Wilhelm I. entscheidet, dass die zwischen dem Washington-Territorium und British Columbia liegenden San Juan Islands den Vereinigten Staaten zugesprochen werden, und beendet damit den seit zwölf Jahren schwelenden *Schweinekonflikt.*

- 1885: Ein mit einer Pistole durchgeführtes Attentat auf den dänischen Premierminister Jacob Brønnum Scavenius Estrup scheitert in Kopenhagen. Der erste von Julius Rasmussen abgefeuerte Kugel prallt an einem Knopf ab, der zweite Schuss verfehlt den Politiker.
- 1888: Die Sozialdemokratische Partei der Schweiz wird gegründet.
- 1895: Japan zerschlägt die Republik Formosa und macht sie zu einer japanischen Kolonie.
- 1899: Die Briten besiegen die Buren während des zweiten Burenkrieges in der Schlacht von Elandslaagte.

1885: Attentat auf den Politiker Estrup

- 1916: Der österreichische Ministerpräsident Karl Graf von Stürgkh wird von Friedrich Adler ermordet.
- 1918: Das Deutsche Reich stellt im Ersten Weltkrieg den uneingeschränkten U-Boot-Krieg ein.
- 1919: Die Republik Deutschösterreich wird in Republik Österreich umbenannt.
- 1921: Karl I., ehemaliger Kaiser von Österreich, versucht zum zweiten Mal, auf den ungarischen Thron zurückzukehren.
- 1923: Separatisten rufen in Aachen die *Rheinische Republik* aus.
- 1923: Bei der Nationalratswahl in Österreich erhält die Christlichsoziale Partei die Mehrheit. Ignaz Seipel bleibt Bundeskanzler.
- 1928: Weimarer Republik: Alfred Hugenberg wird Vorsitzender der DNVP.

Karl Graf von Stürgkh (1859–1916)

- 1935: Der deutsche Austritt aus dem Völkerbund wird rechtswirksam.
- 1937: Nach der Besetzung der Stadt Gijón im Spanischen Bürgerkrieg ist die gesamte spanische Nordküste unter Kontrolle der nationalistischen Truppen General Francos.
- 1938: Japanische Truppen erobern im Zweiten Japanisch-Chinesischen Krieg die südchinesische Stadt Kanton.
- 1939: Das Deutsche Reich und Italien schließen das Hitler-Mussolini-Abkommen zur Umsiedelung der deutschen und ladinischen Minderheit in Südtirol ins Deutsche Reich.
- 1941: Die deutsche Wehrmacht verübt als Vergeltung für einen Partisanenangriff im Zweiten Weltkrieg ein Massaker an der Zivilbevölkerung von Kragujevac.

1944: Zug deutscher Kriegsgefangener durch die Ruinen der Stadt Aachen

- 1944: Nach sechswöchiger Schlacht erobern die Alliierten im Zweiten Weltkrieg die Stadt Aachen als erste deutsche Großstadt.
- 1944: Sowjetische Soldaten verüben im Zweiten Weltkrieg in dem ostpreußischen Dorf Nemmersdorf ein Massaker an der Zivilbevölkerung. Dies war der erste gewalttätige Übergriff auf deutsche Einwohner durch Mitglieder der Roten Armee bei ihrem Einmarsch in das damalige Reichsgebiet.
- 1945: In Frankreich wird das Frauenwahlrecht eingeführt.
- 1948: Die UNO lehnt den sowjetischen Antrag auf Zerstörung aller Atomwaffen ab.
- 1956: Władysław Gomułka wird zum Vorsitzenden der Polnischen Vereinigten Arbeiterpartei gewählt und übernimmt die Macht in Polen.
- 1969: Willy Brandt wird zum Bundeskanzler in Westdeutschland gewählt. Die erste sozialliberale Bundesregierung nimmt ihre Arbeit auf.
- 1971: Der Kongostaat wird in Zaire umbenannt.
- 1974: Präsident Siad Barre räumt Probleme durch Dürre und Hungersnot im Nordosten Somalias ein.
- 1976: Die UN-Vollversammlung wählt die Bundesrepublik Deutschland für zwei Jahre in den Sicherheitsrat.
- 1984: Im Bundesland Vorarlberg ziehen die Grünen erstmals in ein österreichisches Parlament ein.
- 1986: Die Marshallinseln in Mikronesien werden von den USA unabhängig.
- 1993: Die Ermordung des Staatspräsidenten Melchior Ndadaye bei einem Putschversuch löst einen Bürgerkrieg in Burundi aus.
- 2004: In den Zeitungen sorgt die doppeldeutige Schlagzeile *„Fidel Castro gestürzt!“* für Aufsehen: Der Staatspräsident zieht sich mehrere Knochenbrüche zu, als er nach einem öffentlichen Auftritt eine Treppe hinabstürzt.

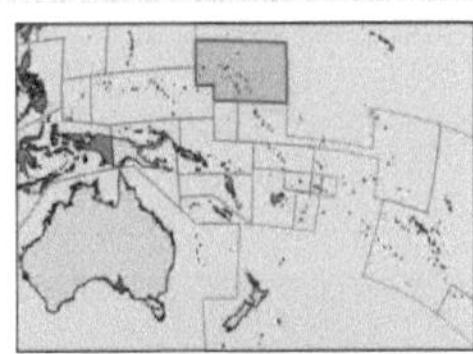
1986: Marshallinseln

Wirtschaft

- 1824: Der Brite Joseph Aspdin erhält ein Patent auf Portlandzement.
- 1907: Die New Yorker *National Bank of Commerce* nimmt keine weiteren Wechsel der Bank *Knickerbocker Trust Company* mehr an. Einlagenrückforderungen deren verunsicherter Anleger lassen die Bank illiquid werden. Die ausbrechende Panik von 1907 zieht weitere Kreise.
- 2002: In Mexiko beginnt die Gipfelversammlung der *Asia-Pacific Economic Cooperation APEC.*
- 2011: Eröffnung der neuen Landebahn 07L/25R am Frankfurt Flughafen

Wissenschaft und Technik

- 1803: Der britische Naturforscher John Dalton reicht der *Manchester Literary and Philosophical Society* ein Statement ein, in dem sich die erste Tabelle mit relativen Atomgewichten findet.
- 1879: Thomas Alva Edisons erste markttaugliche Glühlampe besteht einen Dauertest von über 40 Stunden im Menlo Park-Labor von New Jersey.

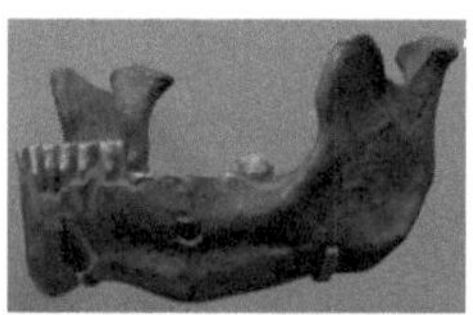

1907: Unterkiefer von Mauer (Nachbildung)

- 1907: Der Tagelöhner Daniel Hartmann findet in der Nähe von Heidelberg den Unterkiefer von Mauer, das Typusexemplar des *Homo heidelbergensis*. Es ist das bislang älteste Fossil der Gattung *Homo*, das in Deutschland geborgen worden ist.
- 1923: Das Deutsche Museum stellt in München das weltweit erste Projektionsplanetarium vor, das Walther Bauersfeld in der Jenaer Firma Zeiss entwickelt hat.
- 1970: Die *Ny Lillebæltsbro*, die Autobahnbrücke über den kleinen Belt in Dänemark wird nach fünfjähriger Bauzeit für den Verkehr freigegeben.
- 1981: Mit der Unterzeichnung der Dreiländer-Vereinbarung durch die drei Landeshauptleute von Kärnten, Salzburg und Tirol in Heiligenblut werden die Hohen Tauern zum ersten österreichischen Nationalpark erklärt.

1970: *Ny Lillebæltsbro*

2003: Eris (mit Mond Dysnomia)

- 2003: Der Zwergplanet Eris im Kuipergürtel wird von Michael E. Brown, Chad Trujillo und David Lincoln Rabinowitz entdeckt.

Kultur

- 1680: Die Comédie-Française entsteht durch ein Dekret von König Ludwig XIV., das den Zusammenschluss der beiden Pariser Schauspieltruppen des Hôtel de Bourgogne und des Théâtre de Guénégaud regelt.
- 1727: Die Uraufführung des Melodrams *Teuzzone* von Attilio Ariosti findet am *King's Theatre* in London statt.
- 1858. Am Théâtre des Bouffes-Parisiens in Paris erfolgt die Uraufführung der Operette *Orpheus in der Unterwelt* von Jacques Offenbach. Offenbachs erstes abendfüllendes Werk wird ein sensationeller Erfolg.
- 1891: Die Uraufführung der tragischen Oper *Vendetta* von Alexander von Fielitz findet in Lübeck statt.
- 1892: Auf dem mittleren Turm des Wiener Rathauses wird der Rathausmann aufgesetzt, eine 1,8 Tonnen schwere Ritterfigur.
- 1896: Am Théâtre de la Gaîté in Paris wird die Opéra comique *La poupée* von Edmond Audran uraufgeführt.
- 1913: Die Uraufführung der Oper *Der Jahrmarkt von Sorotschinzy* (Orig.: *Sorotschinskaja jarmarka*) von Modest Petrowitsch Mussorgski nach einer Erzählung von Nikolai Gogol findet am Freien Theater Moskau statt.

1858: Plakat zur Uraufführung

- 1919: Die Uraufführung der Oper *Fennimore und Gerda* von Frederick Delius findet an der Oper Frankfurt in Frankfurt am Main statt.
- 1925: Der Maler Paul Klee zeigt in Paris erstmals einige seiner Werke.
- 1951: Gottfried Benn erhält den *Georg-Büchner-Preis*.

1959: Das *Guggenheim Museum New York*

- 1959: Das *Guggenheim-Museum* in New York wird eröffnet, das der Architekt Frank Lloyd Wright entworfen hat.
- 1964: *My Fair Lady* mit Audrey Hepburn kommt in deutsche Kinos.
- 1992: Der veröffentlichte Bildband *SEX* der Künstlerin Madonna löst den beabsichtigten Skandal aus, was die Verkaufszahlen antreibt. Eines der erfolgreichsten Coffee Table Books ist geboren.

Religion

- 686: Der Priester Konon wird als Nachfolger von Johannes V. zum Papst gewählt.
- 1187: Alberto di Morra wird in Ferrara zum Papst Gregor VIII. gewählt.
- 1526: Johann Feige eröffnet die Homberger Synode. Sie soll die Frage klären, ob in der Landgrafschaft Hessen der protestantische Glaube eingeführt wird.

Katastrophen

- 1907: Ein Erdbeben der Stärke 8,1 in Zentralasien fordert ca. 12.000 Tote.
- 1930: Bei einem schweren Grubenunglück in Alsdorf bei Aachen gibt es 271 Tote.
- 1948: 39 Personen sterben beim Absturz einer Lockheed Constellation in Prestwick, Schottland. Kapitän der Maschine ist der niederländische Luftfahrtpionier Koene Dirk Parmentier.
- 1962: Beim Untergang des norwegischen Postschiffes *Sanct Svithun* sterben 41 Menschen. Es handelt sich um das schwerste Unglück auf der norwegischen Postschiffsroute *Hurtigruten* zu Friedenszeiten.
- 1966: Beim Grubenunglück von Aberfan, südlich von Merthyr Tydfil in Südwales werden 144 Menschen getötet, die meisten von ihnen Schulkinder.
- 2005: Hurrikan Wilma wütet über der mexikanischen Halbinsel Yucatán.

Kleinere Unglücksfälle sind in den Unterartikeln von Katastrophe aufgeführt.

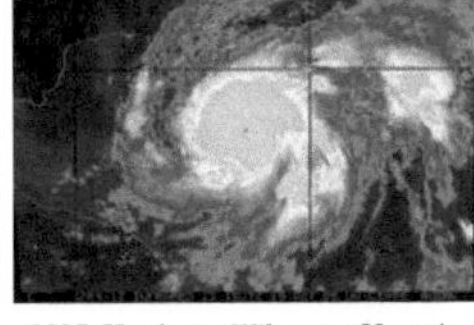

2005: Hurricane *Wilma* vor Yucatán

Sport

- 2007: In der Formel-1-Saison gewinnt der Finne Kimi Räikkönen das letzte Rennen um den *Großen Preis von Brasilien* und wird damit Formel 1-Weltmeister.

Einträge von Leichtathletik-Weltrekorden befinden sich unter der jeweiligen Disziplin unter Leichtathletik.

Geboren

Vor dem 19. Jahrhundert

Friedrich der IV. (* 1671)

- 1513: Adrian Albinus, deutscher Rechtswissenschaftler
- 1638: Johann Samuel Adami, Theologe, Schriftsteller und Sprachforscher
- 1671: Friedrich IV., König von Dänemark und Norwegen
- 1675: Higashiyama, 113. Tennō von Japan
- 1702: Friedrich Benedict Carpzov II., deutscher Jurist und Rechtswissenschaftler
- 1764: János Bihari, ungarischer Komponist („Zigeunergeiger")
- 1771: Alexandre-Étienne Choron, französischer Musikwissenschaftler und -pädagoge
- 1772: Samuel T. Coleridge, englischer Dichter
- 1786: Henry Lemoine, französischer Musikverleger und Musikpädagoge
- 1790: Alphonse de Lamartine, französischer Dichter

19. Jahrhundert

Alfred Nobel (* 1833)

Hermann Müller (* 1850)

- 1807: Napoléon-Henri Reber, französischer Komponist
- 1808: Eberhard Emminger, deutscher Lithograph und Landschaftsmaler
- 1817: Wilhelm Roscher, deutscher Ökonom, Begründer der älteren Historischen Schule der Ökonomie
- 1831: Hermann Hellriegel, deutscher Agrikulturchemiker
- 1832: Gustav Langenscheidt, deutscher Verleger
- 1833: Alfred Nobel, schwedischer Erfinder und Industrieller
- 1836: Adolf Schwarz, österreich-ungarischer Schachmeister
- 1837: James Beaver, US-amerikanischer Politiker
- 1839: Georg von Siemens, deutscher Bankier
- 1845: Andreas Franz Frühwirth, österreichischer Ordensgeistlicher, Kurienkardinal
- 1847: Edvard Brandes, dänischer Kulturpolitiker und Schriftsteller
- 1850: Hermann Müller, Schweizer Pflanzenphysiologe, Botaniker, Önologe und Rebzüchter
- 1853: Werner Körte, deutscher Chirurg
- 1869: Stina Berg, schwedische Schauspielerin
- 1874: Henri Guisan, Schweizer General, Oberbefehlshaber der Schweizer Armee
- 1877: Oswald Theodore Avery, kanadischer Mediziner
- 1882: Hermann Mutschmann, deutscher Altphilologe
- 1883: Friedrich Josef Knoll, österreichischer Botaniker und Rektor der Universität Wien

- 1884: Claire Waldoff, deutsche Chansonsängerin und Kabarettistin
- 1886: Eugene Burton Ely, US-amerikanischer Flugpionier
- 1886: Karl Polanyi, ungarischer Ökonom und Wirtschaftshistoriker
- 1892: Otto Nerz, deutscher Fußballspieler und erster Reichstrainer des DFB
- 1894: Klemens Brosch, österreichischer Grafiker
- 1895: Shukichi Mitsukuri, japanischer Komponist
- 1897: Georg Ritter von Hengl, deutscher SS-Obersturmbannführer und General der Gebirgstruppe
- 1898: Heinrich Walter, Schweizer Geobotaniker und Öko-Physiologe

20. Jahrhundert

Claire Waldoff (* 1884)

1901–1950

- 1901: Margarete Buber-Neumann, deutsche Gulag- und Konzentrationslager-Gefangene, Publizistin und Schriftstellerin
- 1901: John Strachey, britischer Politiker und sozialistischer Ideologe
- 1902: Kurt Scharf, deutscher Theologe
- 1905: Arnold Verhoeven, deutscher Politiker, MdB
- 1906: Tomojiro Ikenouchi, japanischer Komponist und Musikpädagoge
- 1907: August Sundermann, deutscher Mediziner, Rektor der Medizinischen Akademie Erfurt
- 1908: Howard Ferguson, irischer Komponist
- 1908: Jorge Oteiza, spanischer Bildhauer und Maler
- 1911: Mary Blair, US-amerikanische Künstlerin
- 1912: Walter Hamelehle, deutscher Motorradrennfahrer
- 1912: Georg Solti, britisch-ungarischer Dirigent
- 1917: John Dizzy Gillespie, US-amerikanischer Musiker
- 1917: Heinz Oskar Vetter, deutscher Gewerkschafter und Vorsitzender des DGB
- 1918: Milton Himmelfarb, US-amerikanischer Schriftsteller
- 1921: Malcolm Arnold, britischer Komponist
- 1923: Horst Herold, deutscher Jurist und Präsident des Bundeskriminalamtes
- 1925: Celia Cruz, kubanische Sängerin
- 1925: Isaiah Doctor Ross, US-amerikanischer Musiker
- 1926: Don Elliott, US-amerikanischer Jazzmusiker
- 1926: Eberhard Fechner, deutscher Regisseur
- 1926: Leo Kirch, deutscher Medienmogul
- 1928: Ardico Magnini, italienischer Fußballspieler
- 1929: Ursula K. Le Guin, US-amerikanische Autorin
- 1931: Thomas C. Oden, US-amerikanischer Theologe
- 1932: Cesare Perdisa, italienischer Rennfahrer
- 1934: Thomas Lee Judge, US-amerikanischer Politiker und Gouverneur
- 1935: Derek Bell, irischer Musiker
- 1935: Jadwiga Barańska, polnische Schauspielerin
- 1936: Mahi Khennane, algerisch-französischer Fußballspieler und -trainer
- 1936: Joachim Reinelt, deutscher Bischof
- 1937: Édith Scob, französische Schauspielerin
- 1939: Bernhard Klausnitzer, deutscher Entomologe und Zoologe

- 1940: Manfred Mann, südafrikanischer Musiker und Songschreiber
- 1940: Marita Petersen färöische Politikerin und Regierungschefin
- 1941: Steve Cropper, US-amerikanischer Gitarrist, Produzent und Songwriter
- 1942: Elvin Bishop, US-amerikanischer Musiker
- 1944: Martin Roda Becher, Schweizer Schriftsteller
- 1945: Nikita Michalkow, russischer Regisseur
- 1945: Michael Kraus, deutscher Grafiker und Künstler
- 1946: Otto Clemens, österreichischer Schauspieler
- 1947: Ai, US-amerikanische Dichterin und Hochschullehrerin
- 1947: Jerry Bergonzi, US-amerikanischer Jazzsaxophonist

1951–2000

- 1951: Sigmund Gottlieb, deutscher Journalist und Chefredakteur des Bayerischen Fernsehens
- 1951: Bernd Rohwer, deutscher Politiker, Landesminister
- 1952: Mehdi Charef, algerischer Schriftsteller, Filmregisseur und Bühnenautor
- 1952: Brent Mydland, US-amerikanischer Keyboarder und Sänger
- 1953: Peter Mandelson, britischer Politiker
- 1953: Robert Meyer, deutscher Schauspieler
- 1954: Pamela J. Fayle, australische Botschafterin
- 1955: Natalja Komarowa, russische Politikerin
- 1956: Carrie Frances Fisher, US-amerikanische Schauspielerin und Autorin
- 1957: Wolfgang Ketterle, deutscher Physiker, Nobelpreisträger
- 1957: Steve Lukather, US-amerikanischer Gitarrist und Sänger
- 1957: Lyle Workman, US-amerikanischer Musiker und Filmkomponist
- 1958: Patricia Espinosa Cantellano, mexikanische Diplomatin
- 1958: Julio Médem, spanischer Filmregisseur und Drehbuchautor
- 1958: Udo Wachtveitl, deutscher Schauspieler
- 1962: Pat Tiberi, US-amerikanischer Politiker
- 1964: Klaus Holetschek, deutscher Politiker, MdB
- 1967: Paul Ince, englischer Fußballspieler
- 1968: Kerstin Andreae, deutsche Politikerin, MdB
- 1968: Jeff Chimenti, US-amerikanischer Musiker
- 1970: Gerd J. Pohl, deutscher Puppenspieler
- 1971: Oliver Paasch, belgischer Politiker
- 1973: Oliver Unsöld, deutscher Fußballspieler
- 1976: Mélanie Turgeon, kanadische Skirennläuferin
- 1977: Def Cut, Schweizer DJ und Musikproduzent
- 1978: Olena Resnir, ukrainische Handballspielerin
- 1980: Kim Kardashian, US-amerikanisches Model
- 1981: Nemanja Vidić, serbischer Fußballspieler
- 1983: Hrvoje Ćustić, kroatischer Fußballspieler
- 1984: Kenny Cooper, US-amerikanischer Fußballspieler
- 1984: Silvio Heinevetter, deutscher Handballspieler
- 1984: Felix Lehrmann, deutscher Schlagzeuger
- 1984: Arlette van Weersel, niederländische Schachspielerin
- 1985: Maximillian Roeg, britischer Schauspieler
- 1988: Nathalie Bock, deutsche Fußballspielerin

- 1989: Sidonie von Krosigk, deutsche Schauspielerin
- 1989: Kristina Schmidt, deutsche Schauspielerin
- 1989: Christopher Zanella, Schweizer Rennfahrer
- 1990: Ricky Rubio, spanischer Basketballspieler
- 1992: Bernard Tomic, australischer Tennisspieler

Gestorben

Vor dem 20. Jahrhundert

Birger Jarl († 1266)

Horatio Nelson († 1805)

- 1125: Cosmas von Prag, böhmischer Chronist des Mittelalters
- 1266: Birger Jarl, schwedischer Staatsmann
- 1422: Karl VI., französischer König
- 1500: Go-Tsuchimikado, 103. Kaiser Japans
- 1535: Christian Beyer, sächsischer Kanzler
- 1556: Pietro Aretino, italienischer Schriftsteller
- 1558: Julius Caesar Scaliger, italienischer Humanist, Dichter und Naturforscher
- 1773: Johann Conrad Schlaun, deutscher Baumeister des Barock
- 1803: Alberto Fortis, italienischer Gelehrter
- 1805: Horatio Nelson, britischer Admiral
- 1841: Aloys Schreiber, deutscher Lehrer und Professor der Ästhetik, Hofhistoriker, Schriftsteller und Reisebuchautor
- 1844: Nikolos Barataschwili, georgischer Dichter
- 1861: Edward Dickinson Baker, US-amerikanischer Politiker
- 1872: Jacques Babinet, französischer Physiker
- 1873: Johan Sebastian Welhaven, norwegischer Schriftsteller
- 1874: Marià Fortuny, katalanischer Maler
- 1881: Eduard Heine, deutscher Mathematiker
- 1886: José Hernández, argentinischer Journalist und Poet
- 1892: Anne Charlotte Leffler, schwedische Schriftstellerin

20. Jahrhundert

- 1904: Isabelle Eberhardt, russisch-schweizerische Entdeckerin und Reiseschriftstellerin
- 1905: Hermann Usener, deutscher Altphilologe und Religionswissenschaftler
- 1909: George Augustus Graham, britischer Offizier und Kynologe
- 1916: Karl Stürgkh, österreichischer Politiker und k.k. Ministerpräsident
- 1924: Martin Marsick, belgischer Violinvirtuose und -lehrer
- 1931: Barbecue Bob, US-amerikanischer Bluespionier

- 1931: Arthur Schnitzler, österreichischer Erzähler und Dramatiker
- 1932: Anton Funtek, slowenischer Schriftsteller
- 1937: Maximilian Beyer, deutscher Theologe
- 1944: Alois Kayser, deutscher Missionar
- 1944: Erich Ziebarth, deutscher Althistoriker
- 1948: Koene Dirk Parmentier, niederländischer Luftfahrtpionier
- 1951: Willy Fischer, deutscher Politiker, MdL, MdB
- 1956: Ángel Castro Argiz, spanisch-kubanischer Arbeiter, Vater von Fidel, Raul und Ramón Castro
- 1957: Joseph T. Rucker, US-amerikanischer Kameramann

Arthur Schnitzler († 1931)

- 1961: Karl Korsch, deutscher Politiker und Philosoph
- 1963: Heinrich Höfler, deutscher Politiker, MdB
- 1964: Andrej Afanassowitsch Babajew, aserbaidschanischer Komponist
- 1965: Bill Black, US-amerikanischer Musiker
- 1967: Ejnar Hertzsprung, dänischer Astronom
- 1968: Gertrude Pritzi, österreichische Tischtennisspielerin
- 1969: Jack Kerouac, US-amerikanischer Schriftsteller
- 1969: Waclaw Sierpinski, polnischer Mathematiker
- 1970: Ernest Haller, US-amerikanischer Kameramann
- 1973: Nasif Estéfano, argentinischer Autorennfahrer
- 1974: Frederik Buytendijk, niederländischer Biologe und Anthropologe, Physiologe und Psychologe
- 1974: Maruyama Kaoru, japanischer Schriftsteller
- 1975: Charles Reidpath, US-amerikanischer Stadtbaumeister, Stadtplaner und Leichtathlet, Olympiasieger
- 1976: Jean Berveiller, französischer Organist und Komponist
- 1977: Norman Thomas Kardinal Gilroy, australischer Geistlicher, Erzbischof von Sydney
- 1978: Anastas Hovhannessi Mikojan, sowjetischer Politiker
- 1980: Hans Asperger, österreichischer Kinderarzt
- 1982: Hermann Berg, deutscher Politiker, MdB
- 1984: François Truffaut, französischer Regisseur und Filmkritiker, Schauspieler und Produzent
- 1984: Dalibor Vačkář, tschechischer Komponist
- 1990: Jo Ann Kelly, britische Blues-Sängerin und Gitarristin
- 1991: Frank Barufski, deutscher Schauspieler, Hörspielsprecher und Moderator
- 1991: William Shea, US-amerikanischer Anwalt
- 1992: Jim Garrison, US-amerikanischer Jurist und Staatsanwalt
- 1994: Burt Lancaster, US-amerikanischer Filmschauspieler
- 1995: Nancy Graves, US-amerikanische Bildhauerin, Malerin und Filmemacherin
- 1995: Hans Helfritz, deutscher Komponist, Musikwissenschaftler und Schriftsteller
- 1995: Shannon Hoon, US-amerikanischer Sänger (*Blind Melon*)
- 1998: Walter Schmiele, deutscher Schriftsteller und Übersetzer
- 1999: Lars Bo, dänischer Künstler und Autor
- 1999: John Edward Bromwich, australischer Tennisspieler

21. Jahrhundert

- 2001: Ernst Anrich, deutscher Historiker
- 2002: Manfred Ewald, deutscher Politiker und Sportfunktionär der DDR
- 2002: Jesse Leonard Greenstein, US-amerikanischer Astronom
- 2003: Elliott Smith, US-amerikanischer Liedermacher
- 2004: Flor Roffé de Estévez, venezolanische Musikpädagogin und Komponistin
- 2006: Arthur Peacocke, britischer Biochemiker und Theologe
- 2007: Ronald B. Kitaj, US-amerikanischer Maler, Grafiker und Zeichner
- 2007: Ileana Sonnabend, US-amerikanische Galeristin
- 2008: Sonja Gräfin Bernadotte, deutsche Adlige und Unternehmerin
- 2009: Heinz Czechowski, deutscher Lyriker und Dramaturg
- 2010: Loki Schmidt, deutsche Botanikerin und Naturschützerin

Loki Schmidt († 2010)

Feier- und Gedenktage

- Kirchliche Gedenktage
  - Hl. John of Bridlington, englischer Geistlicher
  - Hl. Hilarion von Gaza, römischer Eremit und Mönch (katholisch, orthodox)
- Namenstage
  - Ursula

Weitere Einträge enthält die Liste von Gedenk- und Aktionstagen.

Kritik

Kritik (französisch: *critique*; ursprünglich griechisch: *κριτική [τέχνη], kritikē [téchnē]*, abgeleitet von *κρίνειν krínein*, „[unter-]scheiden, trennen“) bezeichnet „die Kunst der Beurteilung, des Auseinanderhaltens von Fakten, der Infragestellung“ in Bezug auf eine Person oder einen Sachverhalt.

Umgangssprachlich beinhaltet der Begriff zumeist das Aufzeigen eines Fehlers oder Missstandes, verbunden mit der impliziten Aufforderung, diesen abzustellen. Im philosophischen Sprachgebrauch bedeutet Kritik die Beantwortung der Frage nach den Bedingungen von etwas. In diesem Sinne meinte Immanuel Kant mit seiner *Kritik der reinen Vernunft* (1781) nicht eine Beanstandung reiner Vernunfterkenntnis, sondern er suchte nach den *„Bedingungen der Möglichkeit von Erkenntnis“* aus reiner Vernunft. Ebenso will die geschichtswissenschaftliche „Quellenkritik“ nicht ihre Quellen herabwürdigen, sondern fragt nach den Bedingungen, unter denen Quellen einen Wert für die historische Erkenntnisgewinnung haben.

Allgemein

Kritik bezeichnet heute ganz allgemein eine prüfende Beurteilung nach begründeten Kriterien, die mit der Abwägung von Wert und Unwert einer Sache einhergeht. Unterschieden wird häufig nach der Art und Weise:

- abolitionistische Kritik: eine, Kritik, die eine Abschaffung oder ein Abwenden von einem Gegenstand oder einer Praxis fordert
- positive Kritik: ein Lob, die Anerkennung
- negative Kritik: ein Tadel
- konstruktive Kritik: eine Kritik, die auf Verbesserung des Gegenstandes abzielt (*siehe auch: Correctio Fraterna*)
- destruktive Kritik: eine Kritik, die auf die Vernichtung des Gegenstandes abzielt (*siehe auch: Verriss*)
- Selbstkritik: die differenzierte Überprüfung eigenen Verhaltens und/oder eigener Anschauungen, in Hinsicht auf bestimmte Kriterien, wie z. B. ethische: "Bin ich wirklich tolerant?"

Einzelne Kritikfelder

Im Einzelnen kann sich Kritik beziehen auf:

Kultur und Gesellschaft

Die kulturphilosophische kritische Betrachtung der Gesellschaft selbst findet Platz unter anderem in der Kulturkritik und der Gesellschaftskritik.

Geisteswissenschaft

Im Rahmen der Philosophie der Kritischen Theorie bezeichnet Kritik einen Vernunftgebrauch, der die Zweck-Mittel-Rationalität des traditionellen Vernunftgebrauchs transzendiert, um durch die Betrachtung des Bestehenden und des Möglichen eine Grundlage für die Gestaltung und Veränderung der Wirklichkeit zu schaffen.

Als Methode, lesbare einheitliche Texte aus Manuskripten oder Erstdrucken zu rekonstruieren, ist die Kritik ein immanenter Teil der Editionsphilologie, die wiederum ein Teilbereich der Literaturwissenschaft ist (*siehe* Textkritik oder für die Auseinandersetzung mit der Bibel die Literarkritik). Darauf baut die Quellenkritik in der Geschichtswissenschaft auf, die Entstehungskontext, Autor und Intention von Quellen festzustellen sucht.

Journalismus

Im Journalismus versteht man unter einer Kritik eine Darstellungsform, die Information und kommentierende Meinung verbindet. Meist in Form von Rezensionen kann sie zu positiven, unentschiedenen oder negativen Werturteilen gelangen. Das Spektrum reicht von der Lobeshymne bis zum Verriss. Die Rezensionen können dabei streng geisteswissenschaftlichen bzw. philologischen Ansprüchen genügen wollen oder als Teil des Feuilletons in den Medien, oft im Zusammenhang mit aktuellen Ereignissen wie Aufführungen, Ausstellungen oder Buchveröffentlichungen, auf ein breiteres Publikum zielen. Man unterscheidet unter anderem zwischen Kunstkritik, Literaturkritik, Musikkritik, Theaterkritik, Filmkritik und Spielekritik. Sind die Medien selbst Gegenstand der Kritik, spricht man von Medienkritik.

Praxis der Kritik

Kritik ist nicht etwas allgemeines, sondern eine je bestimmte Tätigkeit der Reflexion auf einen Gegenstand der Reflexion, die getätigt wird von einem ganz bestimmten Ort. Diese Orte oder Positionen werden je nach erkenntnistheoretischem Kontext mit den Begriffen *institutionalisierte Praxis*, *Diskurs*, *Epistem* oder *Institution* bezeichnet.[1]

Kritik ist dann nicht mehr als Kritik erkennbar, wenn „sie nur noch als rein verallgemeinerbare Praxis dasteht."[1] Hier grenzt sich Kritik von anderen Begriffen, etwa Krittelei,[2] ab.

Aufgaben der Kritik

Die Aufgabe von Kritik kann enger oder weiter gefasst werden. Enger gefasst dient Kritik der Bewertung eines Gegenstandes oder eines Verhaltens. Dagegen sehen Philosophen wie Foucault die Aufgabe der Kritik in einem weiter gefassten oder dem Beurteilen von Gegenständen überschreitendem Rahmen. Danach soll es die Hauptaufgabe der Kritik sein, das „System der Bewertung selbst" kenntlich zu machen.[1]

Diese Unterscheidung erfolgt, weil Bewertungen einem bestimmten Normensystem (→Normativität) entsprechen und somit die Kritik und das Subjekt, das diese Bewertung vornimmt, sich einer vorgegebenen Norm unterwerfen. Dieses Normensystem kann zum Beispiel als „Wahrheit" bezeichnet werden. Um dieser Unfreiheit der Unterwerfung zu entkommen, bietet Foucault an, das System der Bewertung selbst zu hinterfragen und sich über Sinn und Zweck dieser „Wahrheiten", „Diskurse" etc. ein eigenständigeres Bild zu machen. Ziel ist es, den Zwangsmechanismen zu entkommen, die ein Subjekt dazu nötigen, sich formen zu lassen.[3]

Kritisches Lesen

Eine wichtige Funktion hat die Kritik beim *Lesen von Sachbüchern*. Dabei ist zu prüfen, ob Sachverhalte richtig dargestellt und ob zitierte Aussagen treffend interpretiert sind. Eine solche Prüfung stellt mitunter hohe Anforderungen an die Fachkompetenz des Lesers. Außerdem sollte der Leser fähig sein, im Rahmen einer Auseinandersetzung gedanklich Abstand von der eigenen Position zu gewinnen, indem er sich in die Position Andersdenkender hineinversetzt. Dann erkennt er Schwächen beim Polemisieren – wenn z.B. einem Andersdenkenden bestimmte Motive unterstellt werden, er vermag vergröbernde von differenzierenden Darstellungen zu unterscheiden, und er kann versuchen, die Stärke von Argumenten einzuschätzen.[4]

Literatur

- Theodor W. Adorno: *Kulturkritik und Gesellschaft.* In: *Prismen*, Frankfurt am Main 1976 (zur Praxis der Kritik siehe dort, S. 23).
- Carl von Bormann (G. Tonelli): *Kritik. I. Die Geschichte des K.-Begriffs von den Griechen bis Kant.* In: Historisches Wörterbuch der Philosophie 4 (1976), Sp. 1249-1267 (für diesen Artikel nicht ausgewertet).
- Judith Butler: *Was ist Kritik? Ein Essay über Foucaults Tugend.* transform.epicp.net, Mai 2001. (Online [5]. Abgerufen am 8. Juni 2010)
- Michel Foucault: *Was ist Kritik?* Berlin 1982.
- Helmuth Holzhey: *Kritik. II. Der Begriff der K. von Kant bis zur Gegenwart.* In: Historisches Wörterbuch der Philosophie 4 (1976), Sp. 1267-1282 (für diesen Artikel nicht ausgewertet).
- Rahel Jaeggi (Hg.): *Was ist Kritik?*, Frankfurt am Main : Suhrkamp 2009, ISBN 978-3-518-29485-7.
- Dieter Prokop: *Das fast unmögliche Kunststück der Kritik. Erkenntnistheoretische Probleme beim kritischen Umgang mit Kulturindustrie.* Tectum Verlag, Marburg 2007
- Kurt Röttgers: *Kritik.* In: *Geschichtliche Grundbegriffe: Historisches Lexikon zur politisch-sozialen Sprache in Deutschland, Band 3.* Hrsg. von Otto Brunner, Werner Conze und Reinhart Koselleck. Klett, Stuttgart 1982, S. 651–675 (für diesen Artikel nicht ausgewertet).
- Thomas Zinsmaier / Red. / Gert Ueding: *Kritik.* In: Gert Ueding (Hg.): Historisches Wörterbuch der Rhetorik. Darmstadt: WBG 1992ff., Bd. 10 (2011), Sp. 530-545 (für diesen Artikel nicht ausgewertet).

Einzelnachweise

[1] Vgl. Judith Butler: *Was ist Kritik? Ein Essay über Foucaults Tugend.* transform.epicp.net, Mai 2001. (Online (http://transform.eipcp.net/transversal/0806/butler/de/). Abgerufen am 8. Juni 2010)

[2] Raymond Williams: *Keywords.* New York 1976, S. 75f.

[3] Vgl. Michel Foucault: *Was ist Kritik?* Berlin 1982.

[4] Diese verschiedenen Aspekte von Kritik behandelt Franz Graf-Stuhlhofer: *Christliche Bücher kritisch lesen. Ein Lehr- und Arbeitsbuch zum Trainieren der eigenen Urteilsfähigkeit anhand von Auszügen aus konservativen evangelischen Sachbüchern.* Verlag für Kultur und Wissenschaft, Bonn 2008.

[5] http://transform.eipcp.net/transversal/0806/butler/de/

Gerücht

Ein **Gerücht** (griech. *pheme* bzw. *phama*; lat. *fama*[1]), auch **On dit** (frz.: *man sagt*) ist eine unverbürgte Nachricht, die stets von allgemeinen bzw. öffentlichen Interesse ist, sich diffus und zumeist mündlich verbreitet und deren Inhalt mehr oder weniger starken Veränderungen unterliegt.

Abgrenzung

Zeichnung von Honoré Daumier

In dieser allgemeinen Bedeutung wird der Begriff gelegentlich mit „Klatsch" und „moderne Sage",[2] im Fall der Skepsis oder nachgewiesenen Unwahrheit auch mit „Legende" oder „Märchen" synonym verwendet.[3] Im engeren Sinne des Begriffs werden bei einem Gerücht - anders als beim Klatsch - die erzählten Ereignisse in der Regel nicht einzelnen Personen zugeschrieben;[4] bei der modernen Sage sind demgegenüber konkrete Personen zwar vorhanden, werden aber namentlich nicht erwähnt.[2] Strategisch lancierte Gerüchte in der Politik werden der Propaganda zugerechnet.[5]

Verwandte Begriffe

- Als **Flüsterpropaganda** bezeichnet man einen Vorgang, bei dem meist durch die Politik geheim gehaltene Vorkommnisse weitererzählt werden und so langsam unter die Bevölkerung und damit in die Öffentlichkeit gelangen. Diese häufig in totalitären Staaten vorkommende Verbreitung von Nachrichten kann zu Gerüchten führen.
- **Latrinenparolen** sind umgangssprachlich abwertend bezeichnete Gerüchte, die zumeist irreführend oder falsch sind und heimlich verbreitet werden. Das Wort stammt aus der Soldatensprache, da sich in Kasernen oder anderen Unterkünften an der dortigen Sickergrube oder auch Latrine alle Mannschaftsgrade zur gemeinsamen Entleerung trafen und wo auch Informationen ausgetauscht und dann weitergegeben worden sind. Synonyme sind Latrinengerücht oder derber Scheißhausparole.
- **Stammtischparolen** bezeichnen stereotype Versatzstücke einer lokalen Meinungsbildung und umfassen ebenfalls Gerüchte.

Rahmenbedingungen der „Gerüchteküche"

Das Gerücht lebt von dem Spannungsverhältnis, ob es denn nun wahr oder unwahr ist. Daher erweckt es Interesse und erregt Aufmerksamkeit. Erfüllt es vorhandene Erwartungshaltungen (Ängste, Hoffnungen, etc.), fällt ein Gerücht auf einen nahrhaften Boden; es scheint für Momente Orientierung zu bieten.

Ein Gerücht bedient zudem soziale Bedürfnisse nach Nähe und Übereinkunft. Durch das Teilen eines vermeintlichen Geheimnisses wird kurzzeitig so etwas wie eine Gemeinschaft der Wissenden hergestellt, die über gemeinsam geteilte Gefühle wie der Schadenfreude oder moralischer Entrüstung gestärkt wird. Darüber festigen sich vorhandene informelle Normen.

Entstehung und Verbreitung

Das Gerücht wurzelt in einer stark subjektiv gefärbten Wahrnehmung, in einer Vermutung, einem Missverständnis oder auch einer boshaften Absicht seines Schöpfers oder seiner Schöpferin und wird von ihnen und durch weitere Personen über Klatsch und Tratsch verbreitet und so in die Welt gesetzt, ggf. auch in den Massenmedien. Je größer der Neuigkeitswert, der Sensationsgrad oder die persönliche Betroffenheit der Gerüchteverbreiter sind, umso schneller kommt es in Umlauf. Zunächst wird die Empfänglichkeit des Gegenübers für das Gerücht getestet, oft in einer verschwörerischen Grundhaltung und mit der eindringlichen Bitte an den Gesprächspartner, es möglichst niemandem weiterzuerzählen.

Feldexperimente, in denen man bewusst Gerüchte in Umlauf brachte, ergaben, dass an der *verformenden Weitergabe* von Gerüchten bestimmte Personen einer Population in besonderem Ausmaß beteiligt sind. Eine große Rolle spielen deren Glaubwürdigkeit und Autorität. F. C. Bartlett (1932) konnte mit der Methode der Kettenreproduktion folgende Tendenzen der Gerüchtbildung modellieren: Vereinfachung, Strukturierung, Dramatisierung, Detaillierung und Schuldzuweisung.

Gerüchte in Volkserzählungen

Das Gerücht wird von der volkskundlichen Erzählforschung als eine eher exotische Gattung der Volksprosa betrachtet. Es ist meist kurz und direkt, die Mitteilung erfolgt oftmals in der dritten Person und bezieht sich für gewöhnlich auf etwas bereits Geschehenes. Charakteristische Textrahmen wie „Ich habe gehört, dass …“ zu Beginn oder „Ist das nicht ein Ding?“ am Ende des Erzählten liegen sowohl im fragwürdigen Wahrheitsgehalt als auch in der moralischen Ambivalenz begründet. Das Gerücht steht in besonderer Relation zur Sage.

Siehe auch

- Flurfunk

Literatur

- Florian Altenhöner: *Kommunikation und Kontrolle. Gerüchte und städtische Öffentlichkeiten in Berlin und London.* 1914/1918. München 2008, ISBN 978-3-486-58183-6.
- F. C. Bartlett: *Remembering. A study in experimental and social psychology.* Cambridge University Press, Cambridge 1932.
- Manfred Bruhn, Werner Wunderlich (Hrsg.): *Medium Gerücht. Studien zu Theorie und Praxis einer kollektiven Kommunikationsform.* Haupt, Bern u. a. 2004, ISBN 3-258-06650-7.
- Karin Bruns: *„Do it wherever you want it but do it!“ Das Gerücht als partizipative Produktivkraft der neuen Medien.* In: Britta Neitzel, Rolf F. Nohr (Hrsg.): *Das Spiel mit dem Medium. Partizipation – Immersion – Interaktion* (Schriftenreihe der Gesellschaft für Medienwissenschaften). Marburg: Schüren 2006, ISBN 3-89472-441-2, S. 332-347.
- Gary Alan Fine und Janet S. Severance: *Gerücht.* In: Enzyklopädie des Märchens Bd. 5 (1988), Sp. 1102–1109.
- Stefan Hartwig: *Gerüchte in der Wirtschaft: Gegenmaßnahmen der Unternehmenskommunikation.* In: www.pr-guide.de [6].
- Jean-Noël Kapferer: *Gerüchte. Das älteste Massenmedium der Welt.* Aufbau-Taschenbuch-Verlag, Berlin 1997, ISBN 3-7466-1244-6.
- Hans-Joachim Neubauer: *Fama. Eine Geschichte des Gerüchts.* Matthes & Seitz, Berlin 2008, ISBN 978-3-88221-727-8.
- Wolfgang Pippke: *Gerücht.* In: Peter Heinrich, Jochen Schulz zur Wiesch (Hrsg.): *Wörterbuch zur Mikropolitik.* Leske & Budrich, Opladen 1998, ISBN 3-8100-2013-3, S. 96-98.

- Christian Schuldt: *Klatsch! Vom Geschwätz im Dorf zum Gezwitscher im Netz.* Insel Verlag, Frankfurt am Main 2009, ISBN 978-3-458-17457-8.

Weblinks

- Literatur zum Schlagwort *Gerücht* im Katalog der DNB [7] und in den Bibliotheksverbünden GBV [8] und SWB [9]
- *Instrument unfairer Attacken. Gerücht* [10]. In: *fairness-stiftung.de.*
- Matthias Gräbner: *Gerüchte sind stärker als die Wahrheit* [11]. In: *heise.de*, 16. Oktober 2007.
- Franziska Wanner-Müller: *Interview – Wann, wie und wo entstehen Gerüchte?* [12] In: *NZZ Folio* 5/1995 (Interview mit dem französischen Soziologen Jean-Noël Kapferer).

Einzelnachweise

[1] Das lateinische Wort *fama* ist eine Entlehnung von dem dorisch-griechischen Wort *phama* bzw. attisch-griechischen Wort *pheme*, vgl. Lars-Broder Keil, Sven Felix Kellerhoff: *Gerüchte machen Geschichte. Folgenreiche Falschmeldungen im 20 Jahrhundert.* Berlin 2006, S. 11, ISBN 3-86153-386-3.
[2] Johannes Stehr: *Sagenhafter Alltag. Über die private Aneignung herrschender Moral.* Frankfurt a.M. / New York 1998, S. 63 f., ISBN 3-593-35986-3.
[3] Max Brink: *Gerücht oder Legende. Methoden der Irreführung.* Verlag Books on Demand, Norderstedt 2000, S. 17 und 39, ISBN 3-8981-1735-9.
[4] Jörg Bergmann: *Der Klatsch. Zur Sozialform der diskreten Indiskretion.* Berlin / New York 1987, S. 96, ISBN 3-11-011236-1.
[5] Pamela Wehling: *Kommunikation in Organisationen. Das Gerücht im organisationalen Wandlungsprozess.* Wiesbaden 2007, S. 74, ISBN 3-8350-6083-X.
[6] http://www.pr-guide.de
[7] http://d-nb.info/gnd/4156908-8
[8] http://gso.gbv.de/DB=2.1/CMD?ACT=SRCHA&IKT=1016&SRT=YOP&TRM=4156908-8
[9] http://swb2.bsz-bw.de/DB=2.1/CMD?ACT=SRCHA&IKT=2013&SRT=YOP&REC=2&TRM=4156908-8
[10] http://www.fairness-stiftung.de/Geruecht.htm
[11] http://www.heise.de/tp/r4/artikel/26/26419/1.html
[12] http://www.nzzfolio.ch/www/d80bd71b-b264-4db4-afd0-277884b93470/showarticle/509f4cf0-8aed-4cfc-bde6-97cf632b44df.aspx

Olli_Dittrich

Oliver Michael „Olli" Dittrich (* 20. November 1956 in Offenbach am Main) ist ein deutscher Schauspieler, Komiker, Komponist und Musiker. Als Parodist prominenter Persönlichkeiten und Darsteller vielfältiger Kunstfiguren gehört er zu den profiliertesten Verwandlungskünstlern der Gegenwart.[1] [2] Einem breiten Publikum wurde Dittrich durch die Comedy-Sendung *RTL Samstag Nacht* bekannt, deren Ensemble er von 1993 bis 1998 angehörte. Popularität erlangte er dort vor allem durch seine Zusammenarbeit mit Wigald Boning in der mit dem Adolf-Grimme-Preis 1995 ausgezeichneten Interview-Persiflage *Zwei Stühle – Eine Meinung* sowie als musikalisches Nonsens-Duo *Die Doofen*, das mit der Single *Mief* und dem Album *Lieder, die die Welt nicht braucht* im Jahr 1995 die Spitze der Charts erreichte und alle wichtigen deutschen Musik- und Medienpreise erhielt. Mit *Olli, Tiere, Sensationen* und *Blind Date* präsentierte Dittrich zu Beginn der 2000er Jahre seine ersten eigenen Sendereihen. Anhaltenden Erfolg verzeichnet er mit dem Improvisationskammerspiel *Dittsche*, das seit 2004 im WDR Fernsehen ausgestrahlt wird. Die gleichnamige Figur eines arbeitslosen, biertrinkenden Imbissbuden-Philosophen aus Hamburg, der in einem Bademantel bekleidet über das Leben und die Welt schwadroniert, entwickelte sich zu seinem bekanntesten Charakter.[3]

Biografie

Jugend und musikalische Anfänge

Der zweitgeborene Sohn des Journalisten Kurt Dittrich und der Malerin und Modezeichnerin Gisela Dittrich wuchs mit seinen beiden Brüdern in Hamburg-Langenhorn auf. Er besuchte zunächst die Suederschule Langenhorn und wechselte im weiteren Verlauf auf das Gymnasium Alstertal. Infolge schlechter Zensuren wiederholte er zwei Klassen und wechselte in Klasse 9 auf die Realschule Eschenweg. Dort erlangte er 1975 die Mittlere Reife. In seiner Jugend betrieb er Leistungssport und war Außenstürmer beim TuS Alstertal. Nachdem er zunächst Gitarren- und Schlagzeugunterricht erhielt, erlernte er von Ulf Krüger, Gründungsmitglied der Hamburger Jazz-Pop-Gruppe *Leinemann*, das Rhythmusinstrument Waschbrett zu spielen. Im Alter von 16 Jahren gründete Dittrich die Skiffle-Band *Abbey Tavern Skiffle Company*, mit der er vier Jahre lang musikalisch aktiv war und in Hamburger Clubs auftrat, darunter in der Fabrik und im Onkel Pö. 1977 veröffentlichte er seine von Ulf Krüger produzierte und dem Schlagergenre zuzuordnende Debütsingle *Ich bin 18*. Im gleichen Jahr erschien unter dem Künstlernamen *Die Affenbande* eine Klamaukversion des King Lui-Hits *Wer hat die Kokosnuss geklaut?*

Nach Beendigung der Schullaufbahn ließ sich Dittrich von 1975 bis 1978 an der Hamburgischen Staatsoper zum Theatermaler ausbilden. Im Anschluss war er sieben Jahre in der Plattenfirma Polydor tätig, in der er sich vom Packer zum Produktmanager emporarbeitete.[4] Parallel dazu versuchte er sich weiter auf musikalischem Gebiet zu entfalten und publizierte 1982 mit seiner Gruppe *Der kleine Olimidi und seine Freunde* eine Sequencerversion des Titellieds zur Fernsehserie *Flipper*. Auf dem Album *Tokyo Twist* des Synthie-Pop-Trios *Tone Band* war er im gleichen Jahr zudem als Komponist, Gastsänger und Coverzeichner beteiligt. 1983 entwickelte Dittrich erhebliche Angst- und Zwangsstörungen, die er psychotherapeutisch und medikamentös behandeln ließ. Weil er die Umstände seiner Berufstätigkeit als demütigend empfand, gab er 1985 seine Anstellung in der Plattenfirma auf und geriet in die Arbeitslosigkeit. Mehrere Jahre am Rande des Existenzminimums lebend, schrieb er in dieser Zeit etwa 250 Lieder, unter anderem für James Last, Annette Humpe und *Die Prinzen*. 1989 nahm er unter dem Künstlernamen *TIM* sein erstes eigenes Album mit dem Titel *Modern Guy* auf. Das von Udo Arndt produzierte Debüt mit Gastmusikern wie Peter Weihe und Curt Cress blieb mit etwa 300 verkauften Exemplaren jedoch kommerziell erfolglos. In Hamburger Schlagerbands wie *Tina und die Caprifischer* [5] und *Susis Schlagersextett* war Dittrich als Sänger, Percussionist, Keyboarder und Conférencier tätig.

1990er Jahre – Durchbruch als Komiker

Über Ulf Krüger lernte Dittrich 1991 Komiker Wigald Boning kennen. Für die täglich auf Premiere ausgestrahlte Kolumne *Bonings Bonbons* drehte das Duo daraufhin rund 100 gemeinsame Spots. Als *Wigald Boning und Die Doofen* veröffentlichten sie 1992 das Album *Langspielplatte* sowie die Singles *Fiep, Fiep, Fiep* und *Ich bin ganz aus Lakritz gemacht*, die jedoch keine Chartplatzierungen erzielten. Im gleichen Jahr trat Dittrich im neu gegründeten Hamburger *Quatsch Comedy Club* auf und verkörperte auf der Bühne erstmals seine selbst erdachte Figur *Dittsche*, die sich im Laufe der Jahre weiterentwickelte.

Bundesweite Bekanntheit erlangte Dittrich durch die unter anderem mit dem Bayerischen Fernsehpreis ausgezeichnete Comedy-Sendung *RTL Samstag Nacht*, deren Ensemble er in insgesamt 158 Ausgaben von November 1993 bis Mai 1998 angehörte. Inspiriert durch die von Heino Jaeger interpretierte Sportreportage *Einmarsch der Nationen* berichtete Dittrich in seiner Rubrik *Neues vom Spocht* in Form von Wortspielen über fiktive Sportmeldungen, die jedoch häufig einen Bezug zu real existierenden Profisportlern aufwiesen. Darüber hinaus veruzte er Filmklassiker in seiner Kinorubrik *Olliwood* und parodierte wiederkehrend Fernsehmoderator Jean Pütz mit dessen alltagswissenschaftlicher Informations-Sendereihe *Hobbythek*. In den Sketchreihen *Kentucky schreit ficken* und *Senen einer Zehe*, die ihren Wortwitz aus Buchstabendrehern entwickelten, war er regelmäßiger Darsteller. An Popularität gewann Dittrich jedoch vor allem durch die Interview-Persiflage *Zwei Stühle – eine Meinung*, die mit zahlreichen Ausgaben einen festen Bestandteil der Sendung bildete. Im Rahmen der Gesprächsrunde stellte sich Dittrich Bonings wochenaktuellen Fragen, indem er in nahezu täuschend echten Masken und Kostümen prominente Personen wie Automobilrennfahrer Michael Schumacher, Tennisspieler Boris Becker, Erotik-Unternehmerin Beate Uhse, Opernsänger Luciano Pavarotti oder Musikproduzent Dieter Bohlen parodierte. Zudem entstanden Kunstfiguren wie der aus Hamburg-St. Pauli stammende Zuhälter Mike Hansen, der intellektuell eingeschränkte Boxer Butsche Roni, der rauchende Kunstkritiker Hajo Schröter-Naumann, der tuntige Modeschöpfer Jaques Gelee oder der überschwänglich gut gelaunte Skilehrer Gigi Hofleitner. Für ihre Darstellung erhielt das Duo im Jahr 1995 den Adolf-Grimme-Preis. Dittrich schrieb den Großteil seiner Gags selbst.

Nach musikalischen Auftritten bei *RTL Samstag Nacht* schlossen sich Boning und Dittrich erneut als Nonsens-Gruppe *Die Doofen* zusammen. Es folgten die Veröffentlichung der Single *Mief* und des Albums *Lieder, die die Welt nicht braucht*,[6] mit denen das Duo im Sommer 1995 die Spitzenposition der Charts erreichte. Im gleichen Jahr traten sie im Vorprogramm der Stadion-Tournee von Bon Jovi auf, 1996 publizierten sie ihr zweites Album *Melodien für Melonen* und die Single-Auskopplungen *Prinzessin de Bahia Tropical*, *Zicke Zack Tsatsiki* und *Lach doch mal*. Insgesamt wurden in Deutschland, Österreich und der Schweiz ca. 1,5 Mio. Tonträger verkauft. Anlässlich ihres Erfolges wurden *Die Doofen* mit den wichtigsten deutschen Musik- und Medienpreisen ausgezeichnet, darunter dem Echo, der Goldenen Stimmgabel und dem Bambi.

Nach dem Ende von *RTL Samstag Nacht* wirkte Dittrich in Markus Imbodens Filmkomödie *Frau Rettich, die Czerni und ich* (1998) mit, kurz darauf übernahm er die Rolle von Redakteur Wollner in Helmut Dietls *Late Show* (1998). Von Oktober 1998 bis März 2001 war Dittrich unter anderem als Moderator der Außenwette bei der ZDF-Samstagabendshow *Wetten, dass..?* engagiert. Anlässlich der letzten Ausgabe mit Thomas Gottschalk im Dezember 2011 stellte er sich in dieser Funktion noch ein weiteres Mal zur Verfügung.[7]

2000er Jahre – Festigung als Verwandlungskünstler

Olli, Tiere, Sensationen

Mit *Olli, Tiere, Sensationen* lief von März 2000 bis Mai 2001 im ZDF Dittrichs erste eigene Sendung an, in der er sich auf Alltagsbeobachtungen sowie Verwandlungen in Prominente und Kunstfiguren konzentrierte. Häufige Szenenpartnerin war Mona Sharma. Während Charaktere wie Mike Hansen, Butsche Roni und Hajo Schröter-Naumann bereits aus Dittrichs Auftritten in *RTL Samstag Nacht* bekannt waren, wurde hier erstmals *Dittsche* der breiten Öffentlichkeit vorgestellt. Im Gegensatz zur derzeit ausgestrahlten Sendereihe dauerten die Clips jedoch nur wenige Minuten und behandelten statt tagespolitischer Themen eher Fragen der Art, ob Kartoffelbrei mit dem Löffel oder der Gabel gegessen werden sollte. Ab der zweiten Staffel wurden die Folgen vor Publikum aufgezeichnet und erste Blind-Date-Folgen gezeigt, ebenfalls nur wenige Minuten lang. Die Sendung hielt kein Drehbuch vor, viele Szenen waren improvisiert. Weil sie die Quotenvorgabe nicht erreichte, wurde die Produktion nach zwei Staffeln mit insgesamt sechzehn Folgen eingestellt.

Blind Date

→ *Hauptartikel: Blind Date*

Gemeinsam mit Anke Engelke wurde ab dem Jahr 2000 in lockerer Reihenfolge die ZDF-Fernsehspielreihe *Blind Date* produziert, die eine neue Erzählform des Films präsentierte: Zwei Darsteller treffen ohne vorheriges Drehbuch oder Kenntnis über die Rolle des Anderen aufeinander. Es entstanden die Episoden „Blind Date 1" (2001), „Taxi nach Schweinau" (2002), „Der fünfbeinige Elefant" (2003) und „London-Moabit" (2004). 2003 erhielten Dittrich und Engelke den Grimme-Preis in Gold.[8] Mit dem Ziel, neuen Wind in ihre Idee zu bringen, ließen sie in „Blaues Wunder" (2005) zum ersten Mal zwei Figuren gegeneinander antreten, die sich kennen. Das Konzept ohne Drehbuch und Absprachen blieb erhalten. Der sechste Teil „Tanzen Verboten" (2006) blieb bislang der letzte.

In der für das Kino konzipierten Edgar-Wallace-Film-Parodie *Der WiXXer* übernahm Olli Dittrich 2004 die Rolle des ostdeutschen Touristen Dieter Dubinsky. Aufmerksamkeit erregte seine Besetzung als Reichsminister Joseph Goebbels in Jo Baiers Film *Stauffenberg* (2004). Die Vorstellung, dass ein Komödiant einen der einflussreichsten Politiker aus der Zeit des Nationalsozialismus verkörpern sollte, löste im Vorfeld Unbehagen aus.[9] [10] Seine Darstellung wurde von Kritikern jedoch als „hervorragend" bewertet.[11]

Dittsche – Das wirklich wahre Leben

→ *Hauptartikel: Dittsche*

Jon-Flemming Olsen (links) und Olli Dittrich als Dittsche (rechts)

Langanhaltenden Erfolg verzeichnet Dittrich mit der seit Februar 2004 im WDR Fernsehen ausgestrahlten Sendereihe *Dittsche – das wirklich wahre Leben*. Das improvisierte tragikomische Kammerspiel mit Jon Flemming Olsen als Wirt Ingo und Franz Jarnach alias Mr. Piggi als fast stummer Stammgast „Schildkröte" umfasst mittlerweile 16 Staffeln und wird live aus einem Imbiss in Hamburg-Eppendorf gesendet. Olli Dittrich verkörpert dabei den arbeitslosen, biertrinkenden Thekenphilosophen *Dittsche*, der in Bademantel bekleidet über Gott und die Welt, das Leben, seine Nachbarn und die BILD-Zeitung schwadroniert. Hierbei liefern tatsächliche, aktuelle Geschehnisse und Prominente – sogenannte „Titanen" – der Woche die Vorlagen. Das Geschehen wird von sechs festinstallierten Kameras beobachtet, die von einem Rechner per Zufall geschnitten werden. Als Überraschungsgäste traten bislang zahlreiche prominente Persönlichkeiten auf, darunter Rudi Carrell, Günther Jauch, Uwe Seeler, Marius Müller-Westernhagen und Hamburgs Erster Bürgermeister Olaf Scholz. 2004 wurde das Format mit dem Deutschen Fernsehpreis und 2005 mit dem Grimme-Preis in Gold ausgezeichnet. In der Kategorie „Beste Unterhaltung" erhielt Dittrich zudem die Goldene Kamera 2009.

Beckenbauer-Parodie und Media Markt-Spots

In Anlehnung an das ZDF-Format *Was tun, ...?* strahlte Das Erste im Dezember 2006 den WM-Rückblick *Was tun, Herr Beckenbauer* in der Harald-Schmidt-Show aus. In der Interview-Parodie mimte Dittrich Fußballfunktionär Franz Beckenbauer, der sich den Fragen von Moderator Harald Schmidt stellte. Das 20-minütige Werk, das in pseudo-dokumentarischem Rahmen im Hotel Atlantic entstand, wurde für den Adolf-Grimme-Preis nominiert.[12] Deutsche Tageszeitungen werteten Dittrichs Darstellung als „glückliche Symbiose" und bezeichneten ihn unter anderem als „wahren Kaiser".[13] [14] Ab November 2007 trat der Komödiant in Werbespots für die Elektromarkt-Kette *Media Markt* auf. Dabei spielte er in einer Mehrfachrolle die laut Werbeslogan „härtesten Kunden" des Unternehmens, indem er verschiedene gesellschaftliche Milieus prototypisch und überzeichnet darstellte. Italienische Tageszeitungen wie Corriere della Sera und La Repubblica äußerten Kritik an vier Werbespots mit der Spielfigur „Toni" im Vorfeld der Fußball-Europameisterschaft 2008, die als rassistisch und extrem klischeebehaftet bezeichnet wurden. Nach weiteren Zuschauerbeschwerden stellte Media-Markt diese Spots ein.[15] Unter dem Titel *Ein Mann hat viele Gesichter* veröffentlichte Dittrich 2007 eine DVD-Sammlung, die Auszüge aus seiner Schaffensperiode von 1987 bis 2007 zeigt.

In der ARD-Produktion *Carl & Bertha* übernahm der Schauspieler 2011 die Rolle des Automobilpioniers Gottlieb Daimler.[16] An der Seite von Katja Riemann verkörperte er im gleichen Jahr einen Musiker, einen Fahrlehrer, einen libanesischen Imbissbetreiber, einen Werber und einen Yogi in der Kinoproduktion *Die Relativitätstheorie der Liebe*.[17] In Zusammenarbeit mit Anne Ameri-Siemens veröffentlichte Dittrich im März 2011 sein erstes Buch *Das wirklich wahre Leben*, eine Sammlung aus niedergeschriebenen Interviews über sein Leben und von ihm selbst verfassten Geschichten.

Bühne

In Zusammenarbeit mit Komiker Bastian Pastewka sowie Musicalsängerin Susi Frese und Gitarrist Ralf Hartmann entwickelte Dittrich 2002 ein Bühnenprogramm, das das Quartett in den Jahren 2003 und 2004 in alle Teile Deutschlands führte. Während ihrer Auftritte präsentierten sie musikalische Parodien sowie komödiantische Duo- und Soloeinlagen, in denen Dittrich auch in die Rollen von Dittsche und Mike Hansen schlüpfte.[18] Seit 2005 zeigt er anhand der Spielvorlagen des von ihm geschätzten Aufspürers sozialer Situationen Heino Jaeger weitere Facetten seiner Menschendarstellung und erinnert im Rahmen öffentlicher Lesungen und Hommagen wiederkehrend an den 1997 verstorbenen Satiriker.[19] [20]

Musik

→ *Hauptartikel Texas Lightning*

Parallel zu seiner Tätigkeit für Film und Fernsehen ist Dittrich seit 2005 als Schlagzeuger in der von Jon-Flemming Olsen gegründeten Country-Band *Texas Lightning* aktiv. Sein dortiger Spitzname lautet *Ringofire*. Der Veröffentlichung des Albums *Meanwhile, Back at the Ranch* und der Veröffentlichung der Single *Like a Virgin* folgten mehrere Konzerttourneen durch Deutschland. Nachdem sich die Band bei der deutschen Vorausscheidung durchgesetzt hatte, nahm sie mit dem Titel *No No Never* am Eurovision Song Contest 2006 teil. Dort belegte Texas Lightning den 15. Platz bei 24 Teilnehmern.[21] Die Single hielt sich indes mehrere Wochen an der Spitze der deutschen Charts und erzielte Platin-Status. Das Album wurde mit Gold ausgezeichnet.

Am 17. Oktober 2008 wurde Olli Dittrichs Soloalbum *11 Richtige* bei x-cell records (Universal) veröffentlicht. Es enthält Lieder im Stile von Schlagern.[22] Gemeinsam mit Co-Produzent Stephan Gade, Tonmeister Manfred Faust-Senn und Orchesterarrangeur Peter Hinderthür arbeitete er fast ein Jahr an dem komplexen Werk, an dem bis zu 60 Orchestermusiker beteiligt waren. Texte und Kompositionen stammen fast ausschließlich aus Dittrichs Feder. Anke Engelke und Judith Rosmair wirken als Duettpartnerinnen mit, David Garrett ist in einem Song als Soloviolinist zu hören.

Hörbücher und Hörspiele

- *Puppenmord* von Tom Sharpe, Patmos audio 2005, 4 CDs, ISBN 978-3-491-91273-1
- *Was denkst du?* von Kati Naumann, Random House Audio, 3 CDs, ISBN 978-3-898-30313-2
- *Das wirklich wahre Leben* von Olli Dittrich und Anne Ameri-Siemens, Osterwoldaudio, 2011, 4 CDs, ISBN 978-3-869-52080-3
- *Die drei ???* – Folge 150 *Geisterbucht* (als *Sergeant Madhu*), Europa (Sony Music), 2011, 3 CDs [23]

Privatleben

Olli Dittrich, der sich selbst als „Menschendarsteller" bezeichnet,[24] lebt in Hamburg. Er ist Vater eines Sohnes. Zu seinen Vorbildern zählen unter anderem der Satiriker Heino Jaeger und der Humorist Loriot, mit dem er bis zu dessen Tod auch in persönlichem Kontakt stand.[25] Er ist seit früher Jugend Fan des Fußballsports, insbesondere des HSV. Musiker Elton John hält er für „einen der bedeutendesten Popsong-Schreiber aller Zeiten."

Filmografie

- 1991: Bonings Bonbons
- 1993–1998: RTL Samstag Nacht
- 1997: Der Neffe
- 1999: Frau Rettich, die Czerni und ich
- 1999: Late Show
- 2000: Olli, Tiere, Sensationen
- 2001: Blind Date
- 2004: Stauffenberg
- 2004: Der WiXXer
- seit 2004: Dittsche
- 2006: 7 Zwerge – Der Wald ist nicht genug
- 2006: Harald Schmidt Spezial – Was tun, Herr Beckenbauer?
- 2009: Same Same But Different
- 2009: Pastewka – Die WG
- 2010: Otto's Eleven
- 2010: Nachtschicht – Ein Mord zu viel
- 2011: Carl & Bertha
- 2011: Die Relativitätstheorie der Liebe

Auszeichnungen

TV und Medien

- 1994: Bayerischer Fernsehpreis für *RTL-Samstag Nacht*
- 1994: Bambi für *RTL-Samstag Nacht*
- 1995: Bambi für *Die Doofen*
- 1995: Adolf-Grimme-Preis „Spezial" für *Zwei Stühle – Eine Meinung (RTL Samstag Nacht)*
- 1995: Goldene Europa für *Die Doofen*
- 1995: Goldene Romy (Österreich) für *RTL-Samstag Nacht*
- 2003: Bayerischer Fernsehpreis für *Blind Date* (ZDF)
- 2003: Adolf-Grimme-Preis mit Gold für *Blind Date* (ZDF)
- 2004: Deutscher Fernsehpreis für *Dittsche – das wirklich wahre Leben* (WDR)
- 2005: Adolf-Grimme-Preis mit Gold für *Dittsche – das wirklich wahre Leben* (WDR)

- 2007: DVD-Award für *Dittsche – das wirklich wahre Leben*
- 2008: Radio Regenbogen-Award - „Beste Comedy "
- 2009: Goldene Kamera – „Beste Unterhaltung"
- 2010: Göttinger Elch – Gesamtwerk
- 2011: Bremen 4 Comedy-Preis – Ehrenpreis

Musik

- 1995: Echo für *Die Doofen*
- 1995: Viva COMET für *Die Doofen*
- 1995: Goldene Stimmgabel (ZDF) für *Die Doofen*
- 1996: Golden Reel Award (USA) für *Die Doofen*
- 1995–1996: 7 Gold- und Platinauszeichnungen für *Die Doofen*
- 2005–2006: 5 Country Music-Awards (diverse Kategorien) für *Texas Lightning*
- 2006: 3 Gold- und Platinauszeichnungen für *Texas Lightning*

Literatur

- Thomas Tuma: *Ansichten zu einem Clown*. In Der Spiegel 20/2006, S. 88ff.
- Olli Dittrich, Anne Ameri-Siemens: *Das wirklich wahre Leben*, Piper Verlag, München 2011, ISBN 3492052614.

Weblinks

- Olli Dittrich in der deutschen [26] und englischen [27] Version der Internet Movie Database
- Literatur von und über Olli Dittrich [28] im Katalog der Deutschen Nationalbibliothek
- Offizielle Dittsche-Homepage [29] (WDR)
- olli-dittrich-musik.de [30]
- olliwood.net [31]

Einzelnachweise

[1] Olli Dittrich über seine Neurosen (http://www.n24.de/news/newsitem_6735398.html) N24.de, 17. März 2011, aufgerufen am 28. Dezember 2011

[2] Olli Dittrich (http://www3.berliner-zeitung.de/tv-programm-blz/index.php?aktion=schauspieler&pid=olli_dittrich) Berliner Zeitung, aufgerufen am 28. Dezember 2011

[3] Die Dittsche-Autobiografie: Das wirklich wahre Leben (http://www.abendblatt.de/kultur-live/article1821278/Die-Dittsche-Autobiografie-Das-wirklich-wahre-Leben.html) Hamburger Abendblatt, 17. März 2011, aufgerufen am 28. Dezember 2011

[4] Ich weiß, was Angst ist (http://www.spiegel.de/spiegel/print/d-49298937.html) Der Spiegel, Ausgabe 43, 23. Oktober 2006, aufgerufen am 28. Dezember 2011

[5] Bandgeschichte (http://www.tinascaprices.de/) tinascaprices.de, aufgerufen am 28. Dezember 2011

[6] Doof, dämlich, erfolgreich (http://www.focus.de/kultur/leben/boulevard-doof-daemlich-erfolgreich_aid_151088.html) Focus, aufgerufen am 28. Dezember 2011

[7] 5000 erlebten in Ischgl spektakuläre „Wetten, Dass..?"-Außenwette (http://www.tt.com/csp/cms/sites/tt/Tirol/3913695-2/5000-erlebten-in-ischgl-spektakulÃ¤re-wetten-dass..-auÃenwette.csp) Tiroler Tageszeitung, 3. Dezember 2011, aufgerufen am 28. Dezember 2011

[8] „Wir müssen auch zeigen, wo Geschosse einschlagen und töten" (http://derstandard.at/1248372) in Der Standard.at, 22. März 2003, aufgerufen am 28. Dezember 2011

[9] Ein Komödiant spielt Joseph Goebbels (http://www.berlinonline.de/berliner-zeitung/archiv/.bin/dump.fcgi/2003/0820/seite1/0034/index.html) in Berliner Zeitung, 20. August 2003, aufgerufen am 28. Dezember 2011

[10] Charakterwechsel: Darf Komiker Olli Dittrich Joseph Goebbels spielen? (http://www.shortnews.de/id/503344/Charakterwechsel-Darf-Komiker-Olli-Dittrich-Joseph-Goebbels-spielen) shortnews.de, 25. Februar 2004, aufgerufen am 28. Dezember 2011

[11] „Stauffenberg" – ein Geschichtsfilm ohne Geschichte (http://www.faz.net/aktuell/feuilleton/fernsehen-stauffenberg-ein-geschichtsfilm-ohne-geschichte-1144390.html), FAZ.net, 25. Februar 2004, aufgerufen am 28. Dezember 2011

[12] Grimme-Nominierungen: Private stark wie nie (http://www.dwdl.de/nachrichten/9351/grimmenominierungen_private_stark_wie_nie/page_1.html) DWDL.de, 27. Januar 2007, aufgerufen am 28. Dezember 2011

[13] Ja, äh…, der Olli, der kann's (http://www.tagesspiegel.de/medien/ja-aeh-der-olli-der-kanns/790734.html) Der Tagesspiegel, 23. Dezember 2006, aufgerufen am 28. Dezember 2011
[14] Olli Dittrich - der wirklich wahre Kaiser (http://www.faz.net/aktuell/feuilleton/medien/faz-net-fernsehkritik-olli-dittrich-der-wirklich-wahre-kaiser-1383699.html) FAZ.net, 22. Dezember 2006, aufgerufen am 28. Dezember 2011
[15] Spiegel Online: Aufgebrachte Italiener stoppen Olli-Dittrich-Spot (http://www.spiegel.de/wirtschaft/0,1518,556350,00.html) Der Spiegel online, 29. Mai 2008, aufgerufen am 28. Dezember 2011
[16] Schon gesehen: Carl und Bertha (http://www.noz.de/deutschland-und-welt/kultur/fernsehen/54372420/schon-gesehen-carl-und-bertha) Neue Osnabrücker Zeitung, 23. Mai 2011, aufgerufen am 28. Dezember 2011
[17] Ich sag mal so: Talent schadet nicht (http://www.abendblatt.de/kultur-live/kino/article1904350/Ich-sag-mal-so-Talent-schadet-nicht.html) Hamburger Abendblatt, 27. Mai 2011, aufgerufen am 28. Dezember 2011
[18] Bastian und Olli im Stadeum gefeiert (http://www.tageblatt.de/db/main.cfm?DID=130447) Stader Tageblatt, 27. November 2003, aufgerufen am 28. Dezember 2011
[19] Heino Jaeger – Erinnerungen von Olli Dittrich (http://www.herrenzimmer.de/2010/12/28/heino-jaeger/) herrenzimmer.de, 28. Dezember 2010, aufgerufen am 30. Dezember 2011
[20] Olli Dittrich mit Hommage an Heino Jaeger (http://www.welt.de/die-welt/kultur/article6630399/Olli-Dittrich-mit-Hommage-an-Heino-Jaeger.html) Welt Online.de, 3. März 2010, aufgerufen am 28. Dezember 2011
[21] Skandal-Rocker siegen in Athen (http://www.stern.de/kultur/tv/eurovision-song-contest-skandal-rocker-siegen-in-athen-561558.html) stern.de, 21. Mai 2006, aufgerufen am 28. Dezember 2011
[22] Barde im Bademantel (http://www.sueddeutsche.de/kultur/olli-dittrich-als-schlagerstar-barde-im-bademantel-1.539851) Süddeutsche.de, 11. Oktober 2008, aufgerufen am 28. Dezember 2011
[23] Die Drei ???-Folge 150 (http://www.dreifragezeichen.de/www/ddf-produkt-detail/product/hoerspiele-ddf-geisterbucht-150/?PHPSESSID=f9f51c7e4e70fbad2098d54a33a3ed1e) dreifragezeichen.de, aufgerufen am 28. Dezember 2011
[24] Die ganze wundersame Welt des Olli Dittrich (http://www.welt.de/kultur/article1769889/Die_ganze_wundersame_Welt_des_Olli_Dittrich.html) Welt online, 7. März 2008, aufgerufen am 28. Dezember 2011
[25] Höflich, fleißig, lustig (http://www.taz.de/!24613/) taz.net, 20. Oktober 2008, aufgerufen am 28. Dezember 2011
[26] http://www.imdb.de/name/nm0228588/
[27] http://www.imdb.com/name/nm0228588/
[28] https://portal.d-nb.de/opac.htm?query=Woe%3D123848369&method=simpleSearch
[29] http://www.wdr.de/tv/comedy//comedians/d-f/dittrich_olli.jsp
[30] http://www.olli-dittrich-musik.de/
[31] http://www.olliwood.net/

Rudi_Carrell

Rudi Carrell auf dem Bundeskanzlerfest 1977 mit Loki Schmidt

Rudi Carrell (* 19. Dezember 1934 in Alkmaar, Niederlande; † 7. Juli 2006 in Bremen; eigentlich *Rudolf Wijbrand Kesselaar*) war ein niederländischer Showmaster. Nach ersten Erfolgen in den Niederlanden debütierte Carrell 1966 im deutschen Fernsehen. In den folgenden 35 Jahren war er mit zahlreichen selbst entwickelten und adaptierten Formaten einer der erfolgreichsten und prägendsten Köpfe der deutschen Fernsehunterhaltung. Rudi Carrell erwarb 1975 das Rittergut Wachendorf, ein parkähnliches Grundstück mit Wassermühle in Syke im Stadtteil Wachendorf, auf dem er bis zu seinem Tod lebte.

Leben

Wirken in den Niederlanden

Rudolf war das erste von vier Kindern von Andries Kesselaar und seiner Ehefrau Catharina Houtkooper. Sein Vater betätigte sich als Entertainer und trat unter dem Künstlernamen „André Carrell" bei Tourneen in den ganzen Niederlanden und sogar den niederländischen Kolonien auf. Außer Rudi Carrells Vater André war auch sein Großvater im Showgeschäft tätig – er selbst sprang am 17. Oktober 1953 mit achtzehn Jahren in einem Gastspiel für seinen Vater ein. Danach folgten zahlreiche Bühnenauftritte in ganz Holland und ab 1956 ein festes Engagement beim Rundfunksender AVRO. 1960 versuchte Rudolf sich erstmals als Showmaster.

In den Niederlanden wurde er mit der *Rudi Carrell Show,* die 1961 startete, sehr schnell populär. Er gewann 1964 die Silberne Rose von Montreux für eine komödiantische Interpretation von Robinson Crusoe für das Fernsehen. Dabei wurde im Studio auf wenigen Quadratmetern eine Sandinsel mit Palme imitiert, die von Wasser umgeben war. „Robinsons" Begleiter war ein eigens dressierter Affe, der die Rolle des Freitag verkörpern sollte, sowie eine Nixe (die Schauspielerin Esther Ofarim). Diese Interpretation sollte der Türöffner werden für seine späteren Engagements als Entertainer im deutschen Fernsehen. Beim Eurovision Song Contest 1960 trat er für die Niederlande an und erreichte mit dem Lied *Wat een geluk* den zwölften und damit vorletzten Platz. Hinter ihm landete nur Camillo Felgen für Luxemburg.

1983 übernahm Rudi Carrell noch einmal die Moderation einer niederländischen Fernsehsendung: Für drei Monate führte er durch die wöchentliche *1-2-3 Show* der Rundfunkgesellschaft KRO. Die stets unter einem bestimmten Motto stehende Musik-, Sketch- und Spielshow war mit einer eigenen Lotterie verbunden.[1]

Die Anfänge in Deutschland

1965 lief die *Rudi Carrell Show* bei Radio Bremen zum ersten Mal im deutschen Fernsehen. Seither prägte und beeinflusste er die deutsche Fernsehunterhaltung und stand neben Kollegen wie Peter Frankenfeld und Hans-Joachim Kulenkampff für die Große Samstagabendshow. Legendäre Auftritte sind unter anderem das „Regen-Duett"[2] zusammen mit Heinz Erhardt sowie die Darbietung einer Variation von *„Ein Loch ist im Eimer"* zu Füßen von Heidelinde Weis. Mit Gespür für das Außergewöhnliche ausgestattet, konnte Carrell gelegentlich auch herausragende Künstler aus dem Zirkusbereich mit ihren Darbietungen ins Studio einladen, die sonst der Nachwelt wohl niemals im TV-Format erhalten geblieben wären.

Am laufenden Band

1974 wurde die *Rudi Carrell Show* durch die Sendung *Am laufenden Band* (51 Ausgaben zwischen 27. April 1974 und 31. Dezember 1979 gesendet) ersetzt, bei der am Schluss der Gewinner diejenigen Gewinne mit nach Hause nehmen durfte, an die er sich noch erinnern konnte, nachdem sie auf einem Förderband an ihm vorbei transportiert worden waren. Sein Ensemble wurde abgerundet durch den Opernsänger und Komödianten Heinz Eckner, den er zufällig in einer Kantine kennengelernt hatte. 1971 und 1972 war Carrell ein Nachbar des Sängers und Gitarristen Bobbejaan Schoepen. Er spielte zwei Jahre lang in seiner Show im Varieté des Freizeitparks Bobbejaanland.

Rudi Carrell, 1976

Auftritte in Filmen

Rudi Carrell spielte Anfang der siebziger Jahre zusammen mit dem damals 18-jährigen Ilja Richter in verschiedenen deutschen Schlagerfilmen und Komödien wie, *Tante Trude aus Buxtehude* oder *Wenn die tollen Tanten kommen*. Carrell und Richter bildeten damals ein erfolgreiches Komikerduo, das immer wieder in Frauenkleidern auftrat.

Carrell als Sänger

Auch als Sänger war Carrell erfolgreich. In vielen seiner Shows sang er Lieder und hatte zwei Single-Hits in Deutschland mit *Wann wird's mal wieder richtig Sommer?* 1975 (nach der Melodie von *City of New Orleans* von Steve Goodman) und *Goethe war gut* 1978, anschließend noch den nachdenklich-komischen Nachfolgehit *Der Herr gab allen Tieren ihren Namen*. Bekannt ist auch *Mein Dorf*, eine textnahe Übersetzung des in den Niederlanden äußerst bekannten Wim-Sonneveld-Klassikers *Het dorp*. Daneben schuf Carrell mit *Du bist mein Hauptgewinn* auch das Lied zur ARD-Fernsehlotterie 1977.

Rudis Tagesshow

1979 erschien seine Autobiografie *Gib mir mein Fahrrad wieder*. 1981 sendete der WDR *Rudi kann's nicht lassen*, im Herbst des gleichen Jahres startete *Rudis Tagesshow*, eine bei Radio Bremen produzierte Persiflage auf die Tagesschau der ARD. Mehrere Folgen lang machte er sich über den damaligen Bundesarbeitsminister Norbert Blüm lustig, indem er, in einer Kulisse, an dessen „Haustür" klingelte und amüsante Gespräche mit der Tochter oder Frau führte. In der letzten Folge öffnete Blüm die Tür persönlich und bedachte Carrell aus „Rache" mit einem Eimer Wasser.

Ein Skandal mit internationalem Ausmaß und Morddrohungen entstand, als in der Sendung vom 15. Februar 1987 Ayatollah Khomeini mit Damenunterwäsche beworfen wurde. Der Spot von sechs Sekunden führte zu einer diplomatischen Krise. Deutsche Diplomaten wurden aus dem Iran ausgewiesen und das dortige Goethe-Institut geschlossen. Mehrere Flüge nach Teheran wurden abgesagt. Rudi Carrell war genötigt, sich öffentlich zu entschuldigen.

Die verflixte Sieben

Ab 1984 lief *Die verflixte Sieben*, eine Show, die an den Erfolg des *laufenden Bandes* anknüpfen sollte. Jeder Kandidat erhielt und tauschte während der Sendung sieben symbolische Gegenstände. Jeder Gegenstand stand verschlüsselt für einen Gewinn oder eine Niete. Ziel war es, am Schluss das zurückbehaltene, vermeintlich wertvollste Symbol gegen einen Gewinn – der eben auch eine Niete sein konnte – einzutauschen. Zum geflügelten Wort entwickelte sich dabei der in jeder Folge mehrfach vorkommende Ausspruch *Das wäre Ihr Preis gewesen!*.

Herzblatt

Als eine weitere Sendung unter Carrells kreativer und moderierender Führung startete 1987 die Verkupplungsshow *Herzblatt.* Ein Jahr nach der Uraufführung von Herzblatt übernahm er in dem Film Starke Zeiten die Rolle des Moderators eines ähnlichen Formats und nahm sich und die Kandidaten auf die Schippe. Trotz ihrer Ansiedlung im Vorabendprogramm der ARD, unter zeitweiliger Teilnahme des ORF, konnten das Konzept und der Moderator die Massen an die Fernsehschirme locken und dabei bestens unterhalten. Die Sendung lief im Konzept weitgehend unverändert bis Mitte 2006 und wurde zuletzt von Alexander Mazza, dem siebten Moderator, präsentiert.

Die Rudi Carrell Show / Laß dich überraschen

1988 bis 1992 moderierte Rudi Carrell eine wiederum als *Die Rudi Carrell Show,* mit dem Zusatz *Laß dich überraschen,* bezeichnete Sendung in der ARD (24 Sendungen), in der Menschen aus dem Publikum überraschend ihre Herzenswünsche erfüllt wurden und Imitatoren von Musikstars auftraten. Letztere wurden nach einer kurzen Vorstellung immer mit den Worten „Eben noch in der Werkstatt – [...] jetzt auf unserer Showbühne!" eingeleitet. Den Titelsong *Laß dich überraschen* sang er selbst. Gelegentlich überraschte Carrell eine besonders engagierte ortsbekannte Person mit einem eigens für sie geschriebenen *Rudigramm,* eine exklusive Videoproduktion, in der der Showmaster die Person zur Musik eines Evergreens vorstellt und würdigt. In jeder Folge gab es als Überraschung auch eine aufwändig recherchierte Wiederzusammenführung von Familienangehörigen, deren Verbindung schon vor langer Zeit ungewollt abgerissen war.

Das Format der *Rudi-Carrell-Show* wurde 1996 unter dem alten Zusatztitel *Lass dich überraschen* von Thomas Ohrner fortgesetzt. Die Wortschöpfung *Rudigramm* übernahm Stefan Raab für seine *Raabigramme.*

Engagements im Privatfernsehen

Zur Einführung der neuen fünfstelligen deutschen Postleitzahlen 1993 moderierte Carrell auf RTL eine neue Show Die Post geht ab!, die diese Änderung den Bürgern näher bringen sollte. Bald wurde das Format eingestellt, auch weil es zu sehr an seine frühere Sendung *Am laufenden Band* erinnerte. Weitere relativ kurzlebige Projekte Carrells waren in jenen Jahren *Rudis Tiershow* (ARD, 1992–1994), *Rudis Urlaubsshow* (RTL, 1994–1996), *Rudis Lacharchiv* (Radio Bremen, 1995-1996) und *Rudis Hundeshow* (RTL, 1996).

Seit 1996 produzierte er für den Privatsender RTL die Show *7 Tage, 7 Köpfe,* in welcher er auch bis Ende 2002 zur Stammbesetzung zählte. Mit dabei war auch Mike Krüger, mit dem ihn eine langjährige private Freundschaft verband. Der Mitkomiker Kalle Pohl bezeichnete Carrell als einen Workaholic mit einem herausragenden humoristischen Talent.

Im Jahre 2000 sendete die ARD „Rudis Suchmaschine", in der Carrell Kuriositäten aus der Welt des Internets präsentierte. Ende 2002 zog Carrell sich vom aktiven Dienst vor der Kamera zurück und arbeitete – von Gastauftritten abgesehen – nur noch hinter den Kulissen.

Krebserkrankung und Tod

Handabdrücke Carrells in der Bremer Lloyd-Passage, Juni 2006

In einem Interview im November 2005 bestätigte der Showmaster gegenüber der Zeitschrift Bunte, dass er an Lungenkrebs erkrankt sei. Krank fühle er sich aber trotzdem nicht, so Carrell in dem Gespräch: „Krank sein heißt Fieber, Schmerzen, Übelkeit [... mir sind] all diese typischen Krankheitssymptome bisher, Gott sei Dank, erspart geblieben, aber er habe sich nach 51 Jahren mit bis zu drei Packungen Zigaretten pro Tag endlich das Rauchen abgewöhnt."

Bei der Aufzeichnung der letzten Folge von *7 Tage, 7 Köpfe* wirkte Carrell noch einmal selbst mit. Stumm tritt er auf und gibt noch einmal den Running Gag der Show zum Besten: Er schüttet mit Hilfe eines Seiles ein Glas Wasser über die Hose von Harald Schmidt und verschwindet wortlos. Die Sendung wurde am 31. Dezember 2005, der Silvester-Show und letztmaligen Ausgabe von *7 Tage, 7 Köpfe*, ausgestrahlt. In einem Interview scherzte Carrell:

> „Gags, die wir für ‚7 Tage, 7 Köpfe‘ nicht gebrauchen können, hebe ich auf. Und wenn ich in den Himmel komme, werde ich damit etwas nebenbei verdienen."

Am 2. Februar 2006 freute sich der schwer erkrankte Rudi Carrell sichtlich über die Ehrung für sein Lebenswerk mit der Goldenen Kamera in Berlin. Ihm war seine Krankheit anzusehen, auch seine Stimme klang schwach und heiser. Dennoch konnte er sein Scherzen nicht lassen und sagte:

> „Die Tatsache, dass ich hier heute Abend sein kann, verdanke ich vor allem meiner Krankenversicherung, dem Klinikum Bremen-Ost und der deutschen Pharmaindustrie."

Und er fügte hinzu:

> „Mit so einer Stimme kann man in Deutschland immer noch Superstar werden."

Es sollte sein letzter Auftritt im Fernsehen sein.[3] Am 17. März 2006 erschien im Magazin der Süddeutschen Zeitung ein längeres Interview, in dem Rudi Carrell sehr offen über den Tod sprach.[4]

Zum Schluss lebte Rudi Carrell zurückgezogen auf seinem Gutshof in Syke Stadtteil Wachendorf im Landkreis Diepholz. Er starb am 7. Juli 2006 gegen Mittag im Alter von 71 Jahren im Klinikum Bremen-Ost an Lungenkrebs. Am 9. Juli 2006 fand im engsten Familienkreis eine Trauerfeier statt. Carrell wurde am 25. Juli auf dem Friedhof im niedersächsischen Heiligenfelde (Syke) beigesetzt.[5] Aufgrund seines letzten Wunsches wurde die Urne seiner zweiten Ehefrau umgebettet und ruht jetzt neben ihm auf dem Friedhof. Rudi Carrell kündigte kurz vor seinem Tod in einem Interview mit dem „SZ-Magazin" an, auf eine öffentliche Beerdigung verzichten zu wollen: „Aus Angst vor den Jacob Sisters. Mit ihren komischen Pudeln zerstören sie doch jede Atmosphäre. Die waren ja auch bei Moshammer."[6]

Familie

Am 16. Mai 1957 heiratete Rudi Carrell die Niederländerin Truus de Vries (* 1937). Aus dieser Ehe stammen die Töchter Annemieke (* 20. August 1958) und Caroline (* 15. Juli 1962). 1967 trennten sich die Ehepartner, zur Scheidung kam es erst 1973. Am 1. Februar 1974 heiratete er die Bremerin Anke Bobbert (* 1940, † 2000), die Mutter seines Sohnes Alexander (* 3. Juni 1977). Von 1985 bis 2000 war er mit der Drehbuchautorin Susanne Hoffmann (* 1960, † 2003) liiert, wozu er sich 1997 öffentlich bekannte. Bald nach dem Tod seiner Frau Anke am 23. Februar 2000 durch Herzversagen kam es auch zur Trennung von Susanne Hoffmann, die im Alter von 43 Jahren am 6. April 2003 an einem Gehirntumor starb. Den Rechtsstreit mit ihren Erben konnte Carrell durch einen Vergleich beenden. Am 7. Februar 2001 heiratete er in Australien seine dritte Ehefrau, die damals 30-jährige

Magdeburger Köchin Simone Felischak (* 8. Mai 1970), die er 1995 beim Golfspiel in Bad Griesbach im Rottal kennengelernt hatte.

Sonstiges

Gipsmodell des Rudi-Carrell-Denkmals auf dem Rudi-Carrell-Platz in Alkmaar

- Carrell gab sich in seinen Shows immer als Prototyp des liebenswerten Holländers, der absichtlich etwas radebrechend und nuschelig Deutsch spricht; tatsächlich konnte Carrell aber auch akzentfrei Deutsch sprechen. Auch Mike Krüger machte jede Menge „Wohnwagenwitze" über ihn, die die üblichen Klischees des deutschen Hollandbildes beinhalteten. Carrell besaß nie die deutsche Staatsbürgerschaft.
- Rudi Carrell erklärte einmal, sein bürgerlicher Name „Kesselaar" leite sich von Kassel ab, da seine Vorfahren aus der nordhessischen Stadt stammten. Die *Nederlandse achternamenbank* gibt aus, dass „Kesselaar" eine Varietät des Nachnamens „Ketelaar" ist, dessen Bedeutung „Kesselhersteller" heißt.[7]
- Carrell war Fan von Werder Bremen.

Auszeichnungen

- 1964 – Rose d'Or: *Silberne Rose* für *Die Rudi-Carrell-Show*
- 1970 – Silberner Bambi
- 1974 – Goldener Bildschirm
- 1975 – Goldene Kamera: Publikumspreis *Bester Quizmaster*
- 1975 – Löwe von Radio Luxemburg: *Ehrenlöwe*
- 1975 – Bambi
- 1975 – Bravo Otto in Silber
- 1979 – Bambi
- 1980 – Bambi
- 1981 – Goldener Gong für *Rudis Tagesshow*
- 1982 – Goldene Europa für *Rudis Tagesshow*
- 1983 – Goldene Kamera für *Rudis Tagesshow*
- 1984 – Preis für den besten europäischen Show-Moderator
- 1985 – Bundesverdienstkreuz I. Klasse für die deutsch-niederländische Verständigung
- 1987 – Ehrenpreis des WDR
- 1988 – Karl-Valentin-Orden
- 1992 – Goldene Kamera: Publikumspreis „Bester Show-Gastgeber" für *Die Rudi-Carrell-Show*
- 1998 – Bambi *Beste TV-Comedy* für *7 Tage, 7 Köpfe*
- 1998 – Goldener Löwe von RTL: *Beste TV-Comedy* für *7 Tage, 7 Köpfe*
- 1998 – Bambi Leserpreis *Beliebteste Comedy-Sendung*
- 1999 – Goldener Gong: *Beste TV-Comedy* für *7 Tage, 7 Köpfe*
- 2001 – Deutscher Comedypreis: Ehrenpreis für sein Lebenswerk
- 2001 – Rose von Montreux: Ehrenrose
- 2001 – Ridder in de Orde van de Nederlandse Leeuw: königliche Auszeichnung der Niederlande
- 2001 – Alexander-Graham-Bell-Medaille [8]
- 2003 – Deutscher Fernsehpreis: Ehrenpreis der Stifter
- 2003 – Romy *für sein Lebenswerk*

- 2004 – Deutscher Comedypreis: *Sonderpreis für Ausdauer und Popularität* für *7 Tage, 7 Köpfe*
- 2005 – Münchhausen-Preis
- 2006 – Mall of Fame
- 2006 – Goldene Kamera für sein Lebenswerk

Diskografie

Deutsch

Singles

Chartplatzierungen Erklärung der Daten			
Singles			
Wann wird's mal wieder richtig Sommer?			
DE	**18**	05.05.1975	(14 Wo.)
Goethe war gut			
DE	**9**	30.10.1978	(19 Wo.)

- 1971 – *Trimm dich und halte dich fit / Wir sind alle kleine Sünderlein*
- 1975 – *Wann wird's mal wieder richtig Sommer? / Heul nicht*
- 1975 – *Liebling, die Deutschen sterben aus / Mahlzeit*
- 1975 – *La la la / Ich liebe dich*
- 1976 – *Trink doch einen mit / Wer kann heut' noch richtig flirten*
- 1976 – *Rosi, lach mich noch mal an / Wir zwei, mein Hund und ich*
- 1978 – *Goethe war gut / Mein Dorf*
- 1979 – *Zu viel Schaum, zu wenig Bier / Der Herr gab allen Tieren ihren Namen*
- 1979 – *Ein kleines Kompliment / Ich geh' an deinem Haus vorbei*
- 1980 – *Sie hat noch nie / Aber dennoch hat Herr Meier*

Alben

- 1974 – *Ein Abend mit Rudi Carrell*
- 1975 – *Rudi Carrell*
- 1976 – *Eine große Scheibe Carrell* (Club-Sonderauflage)
- 1978 – *Rudi, Rudi, noch einmal*

Kompilationen

- 1978 – *Goethe war gut*
- 1979 – *Rudis Schlagershow*
- 1995 – *Das Beste aus Rudis Urlaubsshow*
- 1996 – *Schlager am laufenden Band*
- 2000 – *Sein ultimatives Album*
- 2003 – *Unvergesslich (Kein Sommer ohne Rudi)*

- 2006 – *Das Beste*
- 2006 – *In Memoriam*

Niederländisch

Singles

- 1960 – *Wat een geluk, Panama-kanaal*
- 1964 – *Een muis in een molen in mooi Amsterdam, Polonaise*
- 1968 – *De hoogste tijd, Rottinkie*
- 1976 – *Samen een straatje om, La la la*
- 1980 – *Zij heeft nog nooit, Het wordt een moordknul*

Kompilationen

- 1980 – *Komkommertijd*

Filmografie

- 1959: Redt een kind
- 1970: Wenn die tollen Tanten kommen
- 1971: Tante Trude aus Buxtehude
- 1971: Glückspilze
- 1971: Die tollen Tanten schlagen zu
- 1971: Rudi, benimm dich
- 1971: Hochwürden drückt ein Auge zu (Cameo)
- 1973: Crazy – Total verrückt
- 1979: Himmel, Scheich und Wolkenbruch
- 1988: Starke Zeiten
- 1999: Ritas Welt – Die Wasserschlacht
- 2002: Das Amt, Die Akte Carrell
- 2004: Dittsche, 18. Kalenderwoche 2004
- 2007: Rudis Lacharchiv

Fernsehdokumentation

- *Rudolf Wijbrand Kesselaar genannt Carrell - Fast ein Selbstporträt*, ein Film von Klaus Michael Heinz, 90 Min., Das Erste, 18. Dezember 1999
- *Rudolf Wijbrand Kesselaar genannt Carrell - Fast ein Selbstporträt*, ein Nachruf von Klaus Michael Heinz, 90 Min., Das Erste, 10. Juli 2006
- *Unser Bruder, Vater, Opa Rudi genannt Carrell*, ein Film von Annemieke Kesselaar Klar und Dieter Klar, 45 Min., Das Erste, 20. Dezember 2009

Literatur

- Rudi Carrell: *Gib mir mein Fahrrad wieder.* Molden, Wien u. a. 1979, ISBN 3-217-00981-9.
- Ingo Schiweck (Hrsg.): *„Laß dich überraschen …". Niederländische Unterhaltungskünstler in Deutschland nach 1945.* Agenda-Verlag, Münster 2005, ISBN 3-89688-255-4.
- Susanne Schult: *Rudi Carrell. Das Image eines Stars in der Geschichte des deutschen Fernsehens.* Der Andere Verlag, Osnabrück 2000, ISBN 3-934366-87-2 (Zugleich: Lüneburg, Univ., Diss., 2000).
- Jürgen Trimborn: *Rudi Carrell. Ein Leben für die Show. Die Biographie.* C. Bertelsmann, München 2006, ISBN 3-570-00941-6.

Weblinks

- Literatur von und über Rudi Carrell [9] im Katalog der Deutschen Nationalbibliothek
- Rudi Carrell in der deutschen [10] und englischen [11] Version der Internet Movie Database
- „Sagen Sie jetzt nichts, Rudi Carrell" [12], SZ-Magazin, Heft 28, 13. Juli 2006, Interview
- „Rudis Welt" [13], Tagesspiegel, 30. Dezember 2002
- Grab von Rudi und Anke Carrell [14]

Einzelnachweise

[1] *De 1-2-3 Show* (http://videoenaudio.gouweloos.com/content/view/350/253/)

[2] *„Regen-Duett" Rudi Carrell und Heinz Erhardt bei YouTube* (http://www.youtube.com/watch?v=9CvbgPbgTe8)

[3] Letzter Unterhaltungsauftritt (http://www.youtube.com/watch?v=2IrTy2KQxnI&playnext=1&list=PLE3AF50DC6F4BCDD6)

[4] *Ein Leben danach? Nein. Dann ist es eben aus.* Rudi Carrell im Interview mit dem SZ Magazin (http://www.sueddeutsche.de/kultur/im-interview-rudi-carrell-ein-leben-danach-nein-dann-ist-es-eben-aus-1.432534)

[5] knerger.de: Das Grab von Rudi Carrell (http://www.knerger.de/html/carrellrschauspieler_97.html)

[6] *Der letzte deutsche Showmaster verlässt die Bühne. Ein Gespräch mit Rudi Carrell.* In: SZ-Magazin.

[7] Meertens Nederlandse databank (http://www.meertens.knaw.nl/nfd/detail_naam.php?naam=Kesselaar)

[8] wird von der Fördergemeinschaft *Gutes Hören* und dem *Forum Besser Hören* gemeinsam vergeben, weil sich Rudi Carrell nach Angaben der Jury aktiv für die Akzeptanz von Hörgeräten für die tägliche Kommunikation eingesetzt hat

[9] https://portal.d-nb.de/opac.htm?query=Woe%3D118519263&method=simpleSearch

[10] http://www.imdb.de/name/nm0140167/

[11] http://www.imdb.com/name/nm0140167/

[12] http://sz-magazin.sueddeutsche.de/texte/anzeigen/1421

[13] http://www.tagesspiegel.de/dritte-seite/archiv/30.12.2002/370085.asp

[14] http://www.findagrave.com/cgi-bin/fg.cgi?page=gr&GSln=Carrell&GSfn=Rudi&GSbyrel=in&GSdyrel=in&GSob=n&GRid=22268110&

Die_Harald_Schmidt_Show

Seriendaten	
Originaltitel	Die Harald Schmidt Show

Produktionsland	Deutschland
Originalsprache	Deutsch
Produktionsjahr(e)	1995–2003, seit 2011
Produktions- unternehmen	Brainpool (1995–1998), Bonito TV (1998–2003), Kogel & Schmidt GmbH (seit 2011)
Länge	43
Episoden	1364
Genre	Late-Night-Show
Musik	Helmut Zerlett jr. und Band
Moderation	Harald Schmidt
Erstausstrahlung	5. Dezember 1995 auf Sat.1

Die Harald Schmidt Show ist eine von Harald Schmidt moderierte Unterhaltungssendung im Programm des Privatsenders Sat.1. Nachdem sie bereits vom 5. Dezember 1995 bis zum 23. Dezember 2003 an unterschiedlichen Tagen bei Sat.1 ausgestrahlt wurde, kehrte die Late-Night-Show am 13. September 2011 in das Programm des Senders zurück.

Geschichte

1995–2003

Die täglich von Dienstag bis Freitag gegen 23:15 Uhr gesendete Show wurde am 5. Dezember 1995 erstmals ausgestrahlt, in der Anfangszeit sogar auch am Samstag und an diesem Tag sogar komplett live, statt wie sonst im Live-On-Tape-Verfahren. Vom 30. Juni 2003 bis zum Beginn der *Kreativpause* am 23. Dezember 2003 lief die Show außerdem auch montags.

Inhaltlich orientierte sich die Show an US-amerikanischen Late-Night-Shows wie der Tonight Show oder der Late Show with David Letterman.

Produziert wurde die Harald Schmidt Show vom Start 1995 bis zum Jahr 1998 von Brainpool, aufgezeichnet wurde im renovierten Capitol in Köln (einem ehemaligen Kino).
1998 folgte ein Wechsel der Produktionsfirma, man trennte sich von Jörg Grabosch und seiner Firma Brainpool, zugunsten von Harald Schmidts eigener Produktionsfirma Bonito TV.
Im August 1998 folgte deshalb auch ein Studiowechsel, weg vom Brainpool Studio im Capitol, hin zu einem neuen Studio genannt *Studio 449*, in der Schanzenstraße 39 in Köln-Mülheim.

Pause

Am 8. Dezember 2003 kündigte Schmidt überraschend an, ab Beginn des Jahres 2004 eine „kreative Pause" einlegen zu wollen. Die letzte Show wurde am 23. Dezember 2003 ausgestrahlt. Es folgten ein Jahresrückblick am 29. Dezember sowie eine Sondersendung zum 20. Geburtstag von Sat.1 (siehe auch: Privatfernsehen) am 8. Januar 2004. Ein direkter Zusammenhang mit der Entlassung des Sat.1-Geschäftsführers Martin Hoffmann wurde vermutet, da Hoffmann als enger Freund Harald Schmidts gilt. Ein offizieller Grund für das Ende der Show wurde jedoch nie bekanntgegeben. In der Nachfolgeshow (*Harald Schmidt* in der ARD) witzelte Schmidt in der ersten Sendung, er habe noch 52 Wochen Urlaub gehabt, die er abfeiern musste. Der Schreibtisch aus der Sendung befindet sich seit dem Ende der Show im Haus der Geschichte in Bonn.

Medienberichten zufolge belief sich das Budget der Show zuletzt auf 100.000 Euro pro Sendung, von denen 40.000 Euro direkt als Honorar an Schmidt und 60.000 Euro an Bonito für die Produktion gingen.

Nachfolge

Am 17. Mai 2004 startete Anke Engelke auf dem ehemaligen Sendeplatz der Harald Schmidt Show eine eigene Late-Night-Show mit dem Titel Anke Late Night, die jedoch im Oktober 2004 wieder abgesetzt wurde.

Fortsetzung ab 2011

Am 13. September 2010 wurde bekannt, dass Harald Schmidt 2011 die ARD verlässt und zurück zu Sat.1 wechselt. Dort moderiert er seit dem 13. September 2011 zwei mal wöchentlich, dienstags und mittwochs um 23:15 Uhr, seine alte Sendung, *Die Harald Schmidt Show*. Das Konzept ist das gleiche wie früher, jedoch wechselte die Produktionsfirma von Bonito TV zur Kogel & Schmidt GmbH.[1] [2] [3] Ab 2012 wird dreimal die Woche, auch donnerstags, gesendet.[4]

Sprecher

Sprecher der Anmoderationen und Einspieler ist Pat Murphy, mittlerweile auch mehrfach in unterschiedlichsten Rollen in der Show eingebunden.

Protagonisten

Zu den Protagonisten der Show seit 2011 gehören unter anderem:

- Bandleader Helmut Zerlett
- *Butler Markus*

Bis 2003 unter anderem:

- Chefautor Peter Rütten, bekannt als *Kai Edel* und Sprecher der meisten Einspieler
- Manuel Andrack als sogenannter *Sidekick* (ab 30. August 2000)
- Bandleader Helmut Zerlett
- Suzana Novinščak, Cue Card Girl (Kartenhalterin)
- Nathalie Licard, deutschsprachige Showankündigungs-Off-Stimme mit starkem französischen Akzent

Über die Jahre wechselten sich in der Show mehr oder weniger bekannte Charaktere (u. a. Mitarbeiter der Show) ab, so zum Beispiel:

- Reporter *Kai Edel* als selbstverliebte Ausgabe von Kai Ebel, dargestellt von Autor Peter Rütten
- *Dr. Udo Brömme*, fiktiver CDU-Politiker, dargestellt von Autor Ralf Kabelka
- *Li und Wang*, zwei chinesische Restaurantbesitzer in unmittelbarer Nähe des Capitols
- *Frau Asenbaum*, spielte oft Harald Schmidts Mutter *Waltraut Schmidt*, u. a. erfand sie beim Untersuchen der defekten Wohnzimmer-Steckdose den Rap.
- *Herr Lüdemann* als *Opa Lüdemann* oder *Fatter Teresa*
- Schmidts türkischer Chauffeur *Üzgür*
- Jörg Grabosch, der echte Produzent der *Harald Schmidt Show* spielte sich selbst im *Capitol Clan*
- Maria Merzedes Smeralda de Santiago Escordial, sie spielte die Rolle von Harald Schmidts Freundin Inge im *Capitol Clan*
- Sven Olaf Schmidt, brachte Harald Schmidt das *Deutsche Wasser*
- Postbote *Letterman* (Peter Helf) brachte Schmidt ausgewählte Zuschauerpost an seinen Schreibtisch, nachdem der Spruch *„Briefe bringt bei uns nicht irgendwer, Briefe bringt bei uns der – Letterman!“* vom Publikum zu Ende gerufen war.
- *Tee*, ein Mitarbeiter im Kostüm eines Teebeutels
- *Pam* als gelungene Einbeziehung von Pamela Anderson in die Show, verkörpert vom deutschen Pamela-Double Ina Werner
- *Bimmel und Bommel*, possierliche Stoff-Geschöpfe der Liebe mit einem klar formulierten Bildungsauftrag auf dem Gebiete der Alphabetisierung
- *Unser Ossi*, dargestellt von Bernd Zeller, einem der Gagschreiber der *Harald Schmidt Show*
- *Horst*, der unsichtbar ist und vor Manuel Andrack als eine Art Sidekick fungierte.

Die Helmut Zerlett Band

Damalige Begleitband der Schmidt Show bei Sat.1.

Mitglieder:

- Helmut Zerlett – Keyboards und Bandleader
- Axel Heilhecker – Gitarre
- Rosko Gee – Bass
- Antoine Fillon – Schlagzeug
- Jürgen Dahmen – Keyboards
- Thomas Heberer – Trompete
- Mel Collins – Saxophon

Inhalte

Jede Show begann mit Schmidts fünf- bis zehnminütigem Monolog, einem Stand-Up-Teil, worin er in zynischer Manier auf Hintergründe zum aktuellen Tagesgeschehen einging. Hier etablierten sich Redewendungen wie *„Eine tolle Sache!“*, *„Wenn Sie folgenden Satz schon einmal von mir gehört haben, meine Damen und Herrn: …“*, und *„Heute morgen um 4 Uhr 11, als ich von den Wiesen zurück kam, wo ich den Tau aufgelesen habe, …“*. Letztere wurde ebenso wie *„Ich sage ja zu deutschem Wasser.“* mit einem prickelnden Sound von Helmut Zerlett zum bejubelten Highlight aufgewertet.

Nach Ansage seiner Band (*„Los Zerlettos!“*) nahm Schmidt an seinem Schreibtisch Platz und moderierte von dort aus weiter. Bis zum Talk mit geladenen Gästen im letzten Drittel der Show sorgte der Mittelteil mit diversen Einspielern, Show-Einlagen und Studio-Aktionen für Unterhaltung:

Zeitteufel

aus der Anfangszeit der Show

Die dicken Kinder von Landau

Low-Budget-Ankündigungs-Serie nie gedrehter Folgen (*„Demnächst in Sat.1: …“*) mit kraftvoll untergelegtem Peter-Gunn-Theme

Weisheiten des Konfuzius

Deutsche Volksweisen, vorgetragen von Li und Wang

Foto-Quiz

Schmidt zeigte eine Collage aus vier Fotos und fragt das Publikum, was die gezeigten Motive gemeinsam haben.

Bilderrätsel

war eine kreative Aneinanderreihung von Bildern mit Gegenständen, deren Namen hintereinander gelesen eine Wortgruppe oder einen Satz ergeben.

Was sehen wir hier?

fragte Schmidt während der Einblendung eines Standbildes und erheiterte das Publikum mit drei witzigen Antwortvorschlägen. Oft lautete die Frage auch „Was denken diese Menschen?“ oder „Was denkt er/sie?“

Todesfalle Haushalt

war eine von Peter Rütten gesprochene „Rubrik“, in der immer ein Prolet, ein älterer Herr und eine ältere Frau skurrile Haushaltsunfälle hatten. Die ältere Frau und der Prolet wurden zwar immer von denselben Darstellern gespielt trugen aber nicht immer dieselben Namen. Die Geschichte um den älteren Mann war am Anfang immer die Gleiche: „Wie noch jeden Tag sitzt Anton Hänseler in seinem Sessel im Wohnzimmer und denkt an seine Zeit bei der Wehrmacht…“

1000 Meisterwerke

Das Alphabet mit Bimmel und Bommel

Die beiden Unverschämten erklärten „den Kindern" in jeder Folge einen Buchstaben aus dem Alphabet und zählten daraufhin mehrere obszöne Beispielwörter auf, die mit diesem Buchstaben beginnen. Am Ende landeten sie aber immer beim *„Guten A"*.

Staatsbürgerkunde

Schmidt erklärte Begriffe aus Politik und Wirtschaft auf leicht verständlichste Art. Beim Begriff „Geheime Wahl" z. B. versteckte sich Schmidt mit seinem Telefon unter dem Schreibtisch, oder er demonstrierte den Begriff „Fiskus" mit einem Kuss, während Helmut Zerlett ein Fis spielte.

Der Capitol-Clan

hielt den Zuschauer über vermeintliche Intrigen und üble Machenschaften im Team der Show auf dem Laufenden. Neben Randszenen, die u. a. belegen, dass Schmidt für ein Zubrot seine Mutter Waltraut auf den Strich schickt, geht es vornehmlich darum, wie einzelne Mitarbeiter versuchen, Schmidt den Rang abzulaufen und dafür sogar Schläger oder Auftragskiller gegen Unterbezahlung anheuern. Vorlagen sind hier Der Denver-Clan und Dallas.

Haralds Humorschule

hier führte Peter Rütten vor, wie man scheinbar hoffnungslose Situationen mit Humor doch noch zu seinem Vorteil umbiegen kann.

Fatter Teresa

Herr Lüdemann gab sich als Mutter Teresas nacheifernden Zwillingsbruder, vollbrachte jedoch nie irgendeine selbstlose Handlung. Jede Folge begann mit dem Vorspann: „Er ist ihr wie aus dem Gesicht geschnitten, er ist ihr eineiiger Zwillingsbruder, und er trägt ihre alten Sachen auf, er ist – Fatter Teresa." Durch die Straßen ziehend wird er zumeist von einer attraktiven Passantin angesprochen und um eine kleine Hilfe gebeten, z. B. beim Verladen am Auto. Fatter Teresa begegnet dieser Bitte zuversichtlich: „Aber sicher, ich helfe immer wo ich kann." Beim ersten Ansetzen zur Tat allerdings scheitert er sofort mit den Worten: „Oh, das ist ja scheiße schwer. Aber ich hab es wenigstens versucht", woraufhin er sich weiter auf den Weg begibt.

Schmidt telefoniert

Nach obligatorischem „Ich höre ein Amt!" überfiel Schmidt ahnungslose Gesprächsteilnehmer. Meldete er sich unter falschem Namen, konnte sich der Angerufene dennoch relativ schnell von der Verbindung zu Schmidt und seinem Publikum überzeugen.

- Die **Live-Zuschaltung** eines Prominenten zeigte prinzipiell nur dessen Porträt, in das der Mund des eigentlichen, meist imitierenden Gesprächspartners aus dem Team eingeblendet wurde.

Hitler-Parodien

gab Schmidt meist mit im Bild eingeblendetem schwarzen Rechteck als 2D-Schnurrbart.

Außenexperimente auf dem Studiogelände, z. B. Crash einer Melone

- Ab und zu wurden Kinder aus der Initiative *Jugend forscht* mit ihren originellen Erfindungen in die Sendung eingeladen.

Nachgespielte Szenen

aus Geschichte und aktuellem Zeitgeschehen mit Figuren in z. T. aufwändig gebauten Modellen oder mit dem Publikum nahmen oft den gesamten Mittelteil der Show in Anspruch.

- Mit *Playmobil*-Figuren wurden in liebevoll ausgestatteten Spiel-Landschaften Ereignisse der Weltgeschichte, Lebensläufe von Prominenten oder Romaninhalte nachgestellt und von Schmidt kommentiert.

- Diverse **Requisiten** boten sich hin und wieder für kleine Jokes an. Mit seinem Handstaubsauger beispielsweise reinigte Harald Schmidt gelegentlich noch schnell den Sessel für den nächsten Gast oder benutzte ihn auf dem Schreibtisch kurzerhand nach einem Niesen.
- Am **Adventskalender** gab es in jeder Dezember-Sendung ein Türchen mit besonderer Überraschung zu öffnen.

Gesangsdarbietungen

von Schmidt selbst, z. B. als Freddie Mercury. Auch Peter Rütten sang.

Gast-Auftritte

Viele Künstler und Bands konnten in der Harald-Schmidt-Show ihre neue CD oder Single einem breiten Publikum vorstellen.

Phantastische Paralipomena

Zum besinnlichen Ausklang der Show wurde das Zitat eines Philosophen rezitiert und mit eindrucksvollen Landschaftsbildern und Richard Wagners *Tannhäuser* untermalt.

Bemerkenswerte Sendungen

Harald Schmidt hatte nahezu völlige Freiheit bezüglich der Show-Gestaltung. Nur als er anlässlich der Fusion von ProSieben und Sat.1 den Sender Sat.1 als *heruntergekommene Braut* darstellte, gab es ein Gespräch mit den Sendervorständen.

Es gibt einige Sendungen, für die Schmidt Preise erhalten hat, z. B. eine am 28. Mai 2002 komplett in französischer Sprache produzierte Show (mit Untertiteln nur während des Anfangsmonologs), für die er den *Deutsch-Französischen Journalistenpreis* erhielt.

In einer Sendung ließ er für 20 Minuten das Licht ausschalten und saß die ganze Zeit über schweigend an seinem Show-Schreibtisch. Eine Folge verbrachte Schmidt komplett auf einem Laufband und in einer weiteren klärte er im Rahmen einer 45-minütigen Tatort-Hommage den fiktiven Mord an Helmut Zerlett auf. Anlässlich eines *Miles-Davis-Abends* moderierte er am 22. November 2002 die gesamte Sendung mit dem Rücken zum Publikum. Schmidt nahm sich hier den Jazz-Musiker Davis zum Vorbild, welcher ebenfalls bei Auftritten seine Jazztrompete abgewandt vom Publikum spielte.

Auch die vierstündige Übertragung mit Anke Engelke, Bastian Pastewka und Olli Dittrich von einer Schiffstour auf dem Rhein von Bingen nach Boppard am 18. September 2003 gilt als legendär. Wegen einiger Längen der Sendung gab es aber auch Kritik. Schmidt selbst zeigte sich später unzufrieden mit dem Sendeablauf. Die Idee zur Show wurde aus den USA übernommen. Late Night Host Conan O'Brien moderierte dort die erste Late Night Show der Welt auf einem Schiff, auf einem Circle Line Boat fuhr man um Manhattan.[5]

Einzelnachweise

[1] http://www.spiegel.de/kultur/tv/0,1518,717184,00.html
[2] DWDl.de – Harald Schmidt kehrt mit seiner Late Night zu Sat.1 zurück (http://www.dwdl.de/story/27865/harald_schmidt_kehrt_mit_seiner_late_night_zu_sat1_zurck/)
[3] http://www.dwdl.de/nachrichten/32104/aufgewrmt_und_abgeschaut_sat1programm_201112/
[4] http://www.spiegel.de/kultur/tv/0,1518,801703,00.html
[5] CONAN O'BRIEN, 6/23/95 - "THE CIRCLE LINE SHOW" (http://www.youtube.com/watch?v=w2t2QYoO_uU/)

Weblinks

- Sat.1-Seite zur *neuen* (ab 2011) Harald Schmidt Show (http://www.sat1.de/die-harald-schmidt-show/)
- Sat.1-Seite zur *alten* (1995–2003) Harald Schmidt Show (http://www.sat1.de/comedy_show/schmidt/)
- Seite zu den *Harald Schmidt Show Classics* bei Sat.1 Comedy (http://www.sat1comedy.de/shows/harald_schmidt/)
- **' in der deutschen** (http://www.imdb.de/title/tt0112044) **und englischen** (http://www.imdb.com/title/tt0112044) **Version der Internet Movie Database**

TV_total

Seriendaten	
Originaltitel	TV total
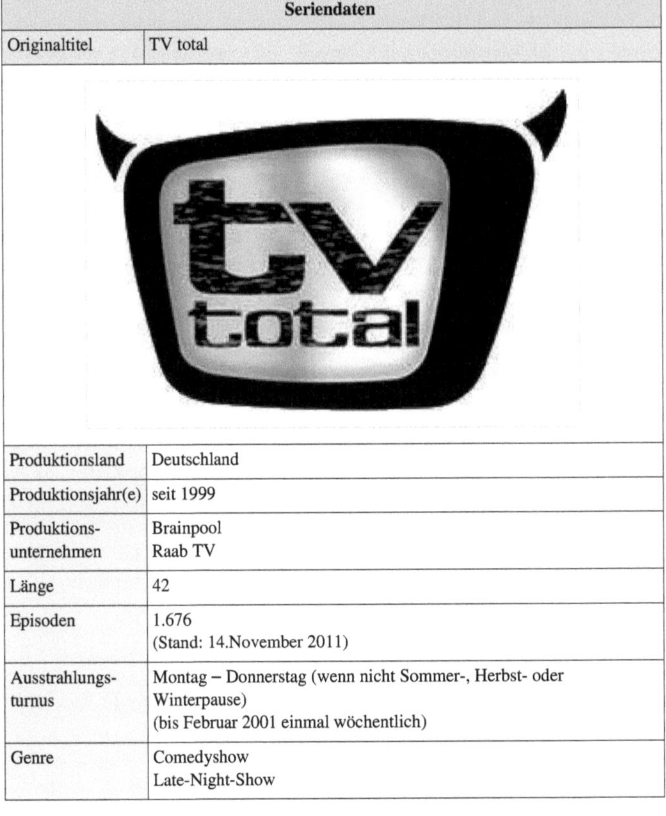	
Produktionsland	Deutschland
Produktionsjahr(e)	seit 1999
Produktions-unternehmen	Brainpool Raab TV
Länge	42
Episoden	1.676 (Stand: 14.November 2011)
Ausstrahlungs-turnus	Montag – Donnerstag (wenn nicht Sommer-, Herbst- oder Winterpause) (bis Februar 2001 einmal wöchentlich)
Genre	Comedyshow Late-Night-Show

Titellied	*TV total Theme 2003* (komponiert von Stefan Raab)
Produktion	Stefan Raab Jobst Benthues Martin Keß
Idee	Brainpool / Raab TV
Musik	heavytones
Moderation	Stefan Raab
Erstausstrahlung	8. März 1999 auf ProSieben

TV total ist eine von Stefan Raab moderierte Show auf ProSieben. Die Premiere war am 8. März 1999. Ursprünglich wöchentlich gesendet, läuft die Sendung seit Februar 2001 viermal in der Woche. TV total ist eine der erfolgreichsten und langlebigsten Late-Night-Shows des deutschen Fernsehens.

Entstehung und Produktion

Im Jahr 1997 produzierte Raab die Sendung „Das kann ja mal passieren". Mit dieser Sendung, die erstmals auf der „Best of TV total Vol. 2"-DVD in voller Länge zu sehen ist, versuchte er, die Sender von seinem Konzept zu überzeugen. Es dauerte jedoch einige Zeit, bis ProSieben ihm seine eigene Sendung gab, die dann als „TV total" ausgestrahlt wurde. Der Fernsehproduzent Marcus Wolter wirkte bei der Konzeption der Sendung mit. Viele Elemente der Ur-Version, bei der Karl Dall, Verona Pooth und Rudolph Moshammer zu Gast waren, wurden auch später noch verwendet, wie der Schreibtisch mit den „Nippeln" und Einspieler im Stile von „Raab in Gefahr". Das Quiz mit den zusammengesetzten Melodien wurde in ähnlicher Form in den ersten Ausgaben von Schlag den Raab gespielt.

Die Sendung wird heute von Brainpool und Raab TV produziert. Seit 2003 gibt es ein eigenes Studio von Brainpool im Stadtteil Mülheim.

Moderatoren der Sendung und der Sondersendungen

Aktuell

- Stefan Raab (seit 1999) Moderation: TV total, Bundesvision Song Contest 2005 bis heute, TV total Bundestagswahl 2005 und 2009, Schlag den Star (erste Staffel, 2009)
- Elton (seit 2001) Moderation: Praktikant (TV total), SSDSGPS, Schlag den Raab (Blamieren oder kassieren), TV total EM-Spezial (Außenreporter), SSDSDSSWEMUGABRTLAD, Autoball WM 2010
- Sonya Kraus (seit 2004) Moderation: WOK WM 2004 bis heute, Das TV total Championat 2004, Das große TV total Turmspringen (seit 2004), Die große TV total Stock Car Crash Challenge (außer 2009), Autoball EM 2008
- Johanna Klum (seit 2005) Moderation: Bundesvision Song Contest 2007 bis heute, SSDSDSSWEMUGABRTLAD
- Mirjam Weichselbraun (seit 2005) Moderation: WOK WM 2005, WOK WM 2011
- Sabine Heinrich (seit 2010) Moderation: Unser Star für Oslo, Unser Song für Deutschland
- Carolin Kebekus (seit 2010) Moderation: WOK WM 2010
- Jessica Kastrop (seit 2010) Moderation: Poker-Nacht
- Michael Körner (seit 2006) Moderation: Poker-Nacht
- Steven Gätjen (seit 2011) Moderation: Schlag den Raab, Schlag den Star, Die große TV total Stock Car Crash Challenge 2011, Das große TV total Turmspringen 2011
- Olaf Schubert (seit 2011) Moderation: Das große TV total Turmspringen 2011
- Thomas D (ab 2012) Moderation: Unser Star für Baku (Jury-Präsident)

Ehemalig

- Oliver Welke (2005-2010) Moderation: Die große TV total Stock Car Crash Challenge 2005-2009, WOK WM 2006 bis 2009, Autoball EM 2008, Autoball WM 2010, Das große TV total Turmspringen 2007 bis 2009, Eisfußball 2009, Poker-Nacht 2006-2010
- Annette Frier (2003–2005) Moderation: SSDSGPS 2003/2004, Bundesvision Song Contest 2005
- Kai Pflaume (2004–2005) Moderation: WOK WM 2004–2005, Das TV total Championat 2004, Turmspringen 2005
- Oliver Pocher (2004–2005) Moderation: Das TV total Championat 2004, WOK WM 2004–2005, TV total EM-Spezial (Außenreporter), Bundesvision Song Contest 2005, Turmspringen 2005
- Ingolf Lück (2004) Moderation: Das große TV total Turmspringen 2004
- Peter Limbourg (2005, 2009) Moderation: TV total Bundestagswahl 2005 und 2009
- Matthias Opdenhövel (2006-2011) Moderation: WOK WM (2006 - 2011), Schlag den Raab (2006-2011), Autoball EM 2008, D.E.F.B.-Pokal 2009, Unser Star für Oslo 2010, Autoball WM 2010, Die große TV total Stock Car Crash Challenge 2010, Das große TV total Turmspringen 2010, Schlag den Star (2010-2011), Unser Song für Deutschland 2011
- Janin Reinhardt (2006) Moderation: Bundesvision Song Contest 2006
- Charlotte Engelhardt (2009) Moderation: Die große TV total Stock Car Crash Challenge

Konzept der Sendung

TV total hat starke Ähnlichkeit mit einer Late-Night-Show. So gibt es einen Monolog am Anfang der Sendung, eine eigene Showband, den (fahrbaren) Schreibtisch, Talkgäste, Einspieler zu bestimmten Themen sowie Auftritte von Musikern und Stand-Up-Comedians. Nach den schlechten Erfahrungen von *Gottschalk late night* und um eine Konkurrenz zur Harald Schmidt Show zu vermeiden, wurde das Konzept für ein jüngeres Publikum angepasst und erweitert. Die respektlose Auseinandersetzung mit Pannen und fragwürdigen Entwicklungen im deutschen Fernsehen war eine zentrale Komponente (wie zuvor schon bei Kalkofes Mattscheibe), was auch in Name und Logo (Fernsehapparat mit Teufelshörnern) der Sendung zum Ausdruck kommt. Mittlerweile ist dieser Aspekt aber zugunsten einmaliger oder wiederkehrender Sonderrubriken etwas zurückgedrängt worden. Oft bezieht sich Raab während des Monologs und im weiteren Verlauf der Sendung nicht auf Fernsehausschnitte, sondern besondere Meldungen in der Tagespresse.

Die Sendung wird *Live-on-Tape* produziert.

Rubriken

Fernsehbezogene Rubriken

Die Auseinandersetzung mit der aktuellen Fernsehlandschaft findet hauptsächlich über das Einspielen der lustigsten Szenen am Anfang der Sendung statt. Einige kurze Ausschnitte, die auch oder gerade außerhalb des ursprünglichen Kontexts komisch sind, werden von Raab über spezielle Knöpfe (sogenannte *Nippel*) an seinem Schreibtisch (*Nippelboard*) während der Sendung eingespielt, wenn es in die Situation passt oder auch nur eine ungewollte Pause entsteht. In der Anfangszeit gab es noch einige spezielle fernsehbezogene Rubriken. Mangels Material oder Resonanz wurden diese aber später aus der Sendung entfernt.

- **Raab der Woche** – Das Publikum wählte aus mehreren Kandidaten, die durch eine unfreiwillig komische Szene aufgefallen waren, den Sieger. Die Trophäe (ein kniender Athlet schultert einen stilisierten Fernseher) ist heute noch auf dem Bildschirm hinter dem Schreibtisch und als Statue neben der Showtreppe zu sehen, obwohl der „Raab der Woche" bis 2010 nicht mehr verliehen wurde. Am 6. September 2010 kündigte Raab in seiner Sendung jedoch an, diesen für ein spezielles Ereignis wieder einzuführen. Bei Bundesligaspielen müsste dafür einer der Spieler beim Aufwärmen einen live moderierenden Moderator von hinten mit dem Ball am Kopf treffen, wie es bereits wenige Wochen zuvor passierte.

- Die Rubrik **Schocker der Woche** zeigte eine Auswahl schockierender oder ekelhafter Szenen. Den vermeintlichen Höhepunkt bildete eine harmlose Szene (z. B. aus der Volksmusik).
- Mit den in Raabs Tisch eingebauten *Pfui-* und *Respekt*-Kellen signalisierte der Moderator moralische Entrüstung bzw. Anerkennung. Die Kellen konnten mit den Zusätzen *Extra-Gold-2000* oder *mein lieber – Herr Gesangsverein* erweitert werden.

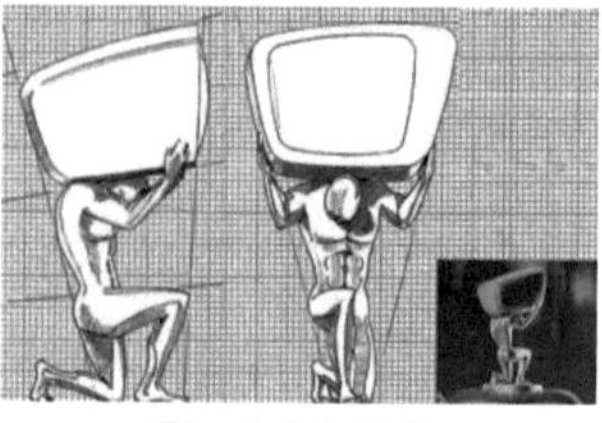

Skizze Raab der Woche

- Als Ingo Dubinski bei einer Reportage in der Sauna versehentlich seinen Penis entblößte, erfand Raab den **Puller-Alarm**, der mit Lichtsignalen und Sirenen vor solchen Szenen warnte. Der US-Rapper LL Cool J war von dieser Aktion so belustigt, dass er den Puller-Alarm bei vielen folgenden Deutschlandkonzerten live präsentierte.
- Mit Bildern aus Talkshows präsentierte Raab als Märchen-Erzähler die **Lovestory der Woche**.
- Wenn sich ein Angeklagter in einer Gerichtsshow ungeschickt anstellte, berichtete Raab über den **Fall der Woche**.
- In der Kategorie **Superbrain** wurden diverse Ausschnitte aus Quizsendungen wie *Jeder gegen Jeden* oder *Der Schwächste fliegt* gezeigt, in denen Kandidaten lustige bzw. peinliche Antworten auf die Fragen gaben.

Aktionsbezogene Rubriken

- Bei **Raab in Gefahr** setzte sich Raab einer gefährlichen oder auch nur skurrilen Situation aus. Der ursprüngliche Einspieler war unterlegt mit *Come with me* von Puff Daddy. Seit Oktober 2006 gibt es eine Neuauflage mit **Elton in Raabs Gefahr**, in der der Show-Praktikant die spektakulärsten Aufgaben (z. B. Kunstflug) wiederholt.
- In Anlehnung an die *Rudigramme* in der *Rudi Carrell Show* bot Raab überraschten Prominenten seine als **Raabigramm** bezeichneten Ständchen meist auf der Ukulele dar, die meist schmeichelhaft begannen und boshaft endeten. Auch Carrell selbst konnte er nach mehreren Anläufen überraschen.

Rubriken im Studio

- **Blamieren oder kassieren** – Jeden Dienstag spielt Raab gegen einen Studiogast ein Wissensquiz. Elton stellt zehn Fragen. Eine richtige Antwort bringt 100 Punkte, bei einer falschen Antwort gibt es 100 Punkte Abzug und der Gegner darf antworten. Bei Gleichstand entscheidet eine Schätzfrage über den Gewinner, der die Punktedifferenz in Euro erhält. Ist es der Studiogast, hat er die Möglichkeit als Titelverteidiger in der kommenden Woche wieder anzutreten. Der bisher erfolgreichste Kandidat war der Student Stephan, der sieben Mal gegen Raab bestand, als erster alle 10 Fragen richtig beantwortete und mit dem Rekordgewinn von 1.100 € nach Hause ging (Punktestand: 1000 zu –100).[1] Raabs größter Gewinn war bislang 1.000 €. Theoretisch ist ein Maximalgewinn von 2.000 € möglich. Dazu muss der Verlierer zuerst jede Frage falsch beantworten und darauf hin der Gewinner die richtige Antwort geben. Mit leicht abgeänderter Punkteregelung wird dieses Quiz auch bei Schlag den Raab gespielt.
- In Anlehnung an Was bin ich? versucht Raab bei **Wer bin ich und was mach ich eigentlich hier?** durch Ja-Nein-Fragen einen Mitarbeiter zu erraten, dessen Arbeit anschließend in einem kleinen Videobeitrag vorgestellt wird. Raab darf dabei beliebig viele Fragen stellen, sofern er weniger als zehn Nein-Antworten erhält. Kommt es dennoch soweit, hat er verloren und das Spiel wird aufgelöst.
- Mitte 2007 hatten Schüler bis zur 10. Klasse aller Schulformen die Möglichkeit, ein ca. siebenminütiges *Referat* zu einem beliebigen Thema zu halten.
- Beim Wettbewerb *Rutscher oder Lutscher* konnte in jeder Sendung ein Kandidat mindestens 250.000 DM gewinnen. Raab stellte in seiner Sendung eine Frage, die von den Fernsehzuschauern per Telefon richtig

beantwortet werden musste. Einem eingeladenen Kandidaten war dadurch schon mal 10.000 DM sicher. Um den Jackpot zu knacken musste er Raabs Rekord beim Herunterrutschen der Treppe brechen. Schaffte er dies nicht wuchs der Jackpot um 10.000 DM.

- Unter dem Titel *Bei Anruf Bohlen* versuchte Raab, mit fremden Menschen ein möglichst langes Telefongespräch zu führen, bei dem er ausschließlich Ausschnitte aus dem Hörbuch von Dieter Bohlens Autobiografie abspielte.
- Beim *Brüllwettbewerb* musste die Ansage zu Beginn der Sendung möglichst laut durchgeführt werden.

Einspieler

- Der *Raab der Woche*, welcher seit dem Umzug in das neue Studio nicht mehr vergeben wird, zeichnete Personen aus, die sich durch besonders zur Belustigung der Zuschauer beitragenden TV-Ausschnitten auszeichneten. In den meisten Fällen war der *Raab der Woche* eine von den Prämierten eher verhasste Auszeichnung, wurde aber immer dankend angenommen.
- In den *TV total TV Tipps zum Wochenende* werden jeden Donnerstag die angeblichen Höhepunkte aus dem TV-Programm des bevorstehenden Wochenendes präsentiert. Während diese Rubrik früher dazu diente, lustige TV-Ausschnitte zu verarbeiten, kommentierten später mehrere ältere Menschen (u. a. das streitende Ehepaar Ingrid & Klaus) das Programm. Mittlerweile sind die TV Tipps *on Tour*, d. h. es werden mehrere Menschen auf der Straße oder in einem Kiosk nach dem TV-Programm befragt. Ingrid und Klaus bekamen eine neue Rubrik (*Ingrids Woche und Klaus*), in der sie ihre Meinung zu Schlagzeilen der aktuellen Woche kundtun.
- In der **TV total TV Box**, die an wechselnden Orten im deutschsprachigen Raum aufgestellt wird, können Besucher ihre besonderen Fähigkeiten präsentieren.
- Ein wichtiges Element der Sendung sind die *Straßenumfragen* mit ahnungslosen Passanten, die u. a. in der Rubrik *Was sagen Sie eigentlich* (Umfrage zu einem aktuellen Thema) erscheinen. Der seriös auftretende Interviewer, der grundsätzlich nie im Bild zu sehen ist, bringt die Befragten angesichts ihrer mangelnden Schlagfertigkeit oder geringen Allgemeinbildung in peinliche Situationen. Der als *Günni* bekannte, ehemalige Autor Lutz van der Horst drehte auch solche Aktionen auf der Straße, mit denen er in der Rubrik *Günnis letzte Chance* die Gunst des Publikums gewinnen musste.
- Weitere Rubriken waren *3 gute Gründe* (verkürzte Form der aus US-amerikanischen Shows bekannten Top 10) und *Die Geschichte der Welthits* (fiktive Entstehungsgeschichte eines Liedes).
- Beim *Erstwähler-Check* wurden junge Menschen, die häufig durch ihre schlechte Allgemeinbildung auffallen, kurz vor Wahlen mit politischen Fragen konfrontiert. In diesen Beiträgen entdeckte Raab den Abiturienten Lukas sowie Sonja Rieger, die später in eigenen Beiträgen (*Lukas Dingsbums* und *Du, Frau Rieger?*) die Welt erklärten. Es gab ähnliche Tests zu anderen Themen, z. B. Fernsehen (*TV-Check*), Fußball-WM (*WM-Check*) oder Integration (*Integrations-Check*).
- In der Rubrik *Stefan an der Tickethotline* spielte Raab einigen Anrufern, die Tickets für die Show kaufen wollten, Streiche und machte Scherze mit ihnen.

Elton

- Bei *Elton zockt* bittet Elton Passanten oder Prominente zum Duell. Wenn der Kandidat gewinnt, erhält er ein neues, modernes Produkt bzw. eine bestimmte Summe Bargeld. Bei einer Niederlage muss er sein eigenes Exemplar abgeben, das meist von einem *Vollstrecker* zerstört wird.
- In der Rubrik *Ein unmoralisches Angebot*, deren Titel an den gleichnamigen Spielfilm angelehnt ist, sucht sich Elton zwei Kandidaten auf öffentlichen Plätzen aus, denen er bis zu einem geheimen Limit steigende Geldbeträge anbietet. Wenn ein Kandidat bei einer bestimmten Summe „stopp“ sagt, muss er vor den Passanten eine peinliche Aktion ausführen, um das Geld zu erhalten.
- Beim *Bimmelbingo* musste Elton Bürger aus dem Schlaf klingeln, die im Gespräch für die Verwendung bestimmter Schimpfwörter Geld erhielten. Diese Aktion sorgte mehrfach für Ärger mit der Polizei sowie zu

Schadensersatz für ein Opfer der Sendung, das „regelrecht der Lächerlichkeit preisgegeben worden sei“.[2]

- Durch Anweisungen von Raab, die er über einen Ohrhörer erhielt, wurde *Elton ferngesteuert*.
- Bei *Wie lange?* nervt Elton Passanten mit einer bestimmten Tätigkeit, bis der Passant ihn davon abhält. Dabei stoppt Elton die Zeit.
- Zwei im Park gesuchte Hundebesitzer treten bei *Eltons Hundeshow* mit ihren Vierbeinern in drei Spielen gegeneinander an und ermitteln so den Sieger.

Günni

- Günni heißt mit bürgerlichem Namen Lutz van der Horst und war bis 2005 Autor der Show. In der Rubrik *Günnis letzte Chance* versuchte er die Gunst des Publikums mittels Straßenumfragen, Sketchen (z. B. als Schlagersänger) und Versteckte Kameradrehs (z. B. im Kiosk) zu gewinnen. Wurde die MAZ vom Publikum für gut befunden, durfte er in der Folgewoche erneut antreten.
- Zuvor war er Darsteller des *Blasehasen*, einem rosa Kaninchen, das unvermittelt in die Sendung stolperte. Nach einem Aufruf waren verschiedene Einspieler zu sehen, in denen die Zuschauer den Blasehasen für ihre Party gemietet hatten. Zudem wurde der *Blasehase* bei der ARD-Sendung Immer wieder sonntags eingeschmuggelt.

Willi und Isabel

Der am 10. April 2003 verstorbene Willi Heß trat als Türsteher auf (*Willi macht die Tür*) oder konfrontierte in weiteren Einspielern andere ältere Menschen mit Jugendsprache (*Check it out Willi*).[3]

Die Thüringer Krankenschwester Isabel Kilian, die Raab anlässlich einer Blutspendeaktion im November 2001 entdeckte, lockte bei *Isabel fragt nach* Passanten aus der Reserve, indem sie ihnen immer wieder die gleiche Frage stellte.

Musik

heavytones

Musikalisch untermalt wird die Sendung von der Band *heavytones*, die die von Raab komponierte Titelmelodie am Anfang und Ende der Sendung sowie die diversen Jingles zur Werbepause spielt. Oft begleiten die *heavytones* auch Live-Auftritte von Gästen. Von Zeit zu Zeit wird die Hausband durch prominente Gastbands oder interessante musikalische Gruppen wie die Formation Wildes Holz ersetzt.

Die *heavytones* sind: Wolfgang Norman Dalheimer (Keyboards), Herb Jösch (Schlagzeug), Dominik Krämer (Bass), Hanno Busch (Gitarre), Alfonso Garrido (Percussion), Rüdiger Baldauf (Trompete), Thorsten Skringer (Saxophon) und César Pérez (Posaune).

heavytones Kids

In der Woche nach Ostern 2006 wurde die Band *heavytones* für drei Sendungen durch die *heavytones Kids* ersetzt. Das Publikum wählte eine Woche vorher die jungen Talente im Alter zwischen sechs und 14 Jahren. Zu der Band gehörten Max (Gitarre), Constantin (E-Bass), Marcel (Keyboard), Dorothea (Percussion), Adriano (Schlagzeug), Felix (Trompete), Katharina (Posaune) und Jenny (Saxophon). Einen weiteren Auftritt hatten die jungen Musiker in der Silvester-Sendung von TV total gemeinsam mit Tobias Regner.

SSDSGPS

Ende 2003/Anfang 2004 initiierte Raab die Castingshow „SSDSGPS“ (Stefan sucht den Super-Grand-Prix-Star), die zwar den Namen von Deutschland sucht den Superstar (DSDS) parodierte, sich aber als ernst zu nehmende und stärker auf das musikalische Talent ausgerichtete Alternative hierzu verstand.[4]

Max Mutzke

Mit dem Wettbewerb suchte er einen Kandidaten für die deutsche Vorausscheidung des Eurovision Song Contest. NDR-Unterhaltungschef Dr. Jürgen Meier-Beer hatte ihm eine Wildcard versprochen, falls sein Künstler Erfolg in den Charts haben sollte. Die Jury bestand aus Raab, Thomas Anders; Kai Pflaume und Joy Fleming.

Als Sieger aus SSDSGPS ging Max Mutzke hervor, der sich im Finale gegen Bonita Jeanetta Louw, Vanessa Henning und Alexandra Schröder durchsetzte. Mit deutlichen 92 Prozent schaffte er später im deutschen Vorausscheid die Qualifikation für das ESC-Finale. In Istanbul erreichte er mit seinem Nr.-1-Hit *Can't Wait Until Tonight* den achten Platz.

Raab erhielt für SSDSGPS 2005 einen Adolf-Grimme-Preis.

Moderiert wurde die Show von Stefan Raab, Elton und Annette Frier.

SSDSDSSWEMUGABRTLAD

Als Nachfolger von SSDSGPS entstand 2007 SSDSDSSWEMUGABRTLAD.

Die Abkürzung steht für *Stefan sucht den Superstar, der singen soll, was er möchte, und gerne auch bei RTL auftreten darf!* und entstand, als im April 2007 bei Deutschland sucht den Superstar der Kandidat Max Buskohl die Castingshow verließ und RTL ihm mit Hinweis auf bestehende Verträge untersagte, unmittelbar danach bei TV total aufzutreten.[4] Raab startete eine Kampagne unter dem Motto *Freiheit für Max Buskohl*, in der er mit der Verwendung eines abgewandelten RAF-Entführungsfotos für Wirbel sorgte. Nachdem die von Kritikern als PR-Aktion[5] eingeschätzte Aktion gescheitert war, startete Raab seine neue Castingshow.[6]

Stefanie Heinzmann

Den Kandidaten war die Auswahl der Lieder freigestellt, auch eigene Produktionen waren erlaubt. Aus den Bewerbern, die sich in einer Casting-Box vorstellten, wurden zwanzig Kandidaten ausgewählt. Die Kandidaten präsentierten sich in zwei Vorrunden dem Publikum und der Jury, die aus Stefan Raab, Max Buskohls Vater Carl Carlton und einem Gastjuror (darunter Sarah Connor, Anke Engelke, Stefanie Kloß von Silbermond, Sasha, Joy Denalane und Barbara Schöneberger) bestand. Per Televoting wurden zehn Kandidaten in die nächste Runde gewählt, die sich in weiteren Live-Shows bewähren mussten.

Im Finale am 10. Januar 2008 traten der Country-Musiker Mario Strohschänk, Rockmusik-Sängerin Steffi List aus Schweinfurt, der Balladenschreiber Gregor Meyle und die damals 18-jährige Schweizerin Stefanie Heinzmann aus Eyholz an. Strohschänk schied als Erster aus; alle Kandidaten präsentierten ihre kurz vorher aufgenommenen Singles erstmals live. Die aus dem Kanton Wallis stammende Stefanie Heinzmann gewann schließlich den Wettbewerb und erhielt einen Plattenvertrag.

Moderiert wurde die Sendung von Elton und Johanna Klum.

Bundesvision Song Contest

Aus Enttäuschung über die schwachen Ergebnisse beim Eurovision Song Contest erfand Stefan Raab einen neuen musikalischen Wettbewerb. Beim *Bundesvision Song Contest* traten statt europäischer Staaten die 16 deutschen Länder gegeneinander an. In den regulären Ausgaben von *TV total* wurde pro Sendung ein Teilnehmer vorgestellt. Wie beim europäischen Vorbild findet der Wettbewerb immer im Bundesland des Vorjahressiegers statt. Bei der ersten Ausgabe am 12. Februar 2005 in Oberhausen gewann die Band Juli mit dem Titel *Geile Zeit* vor Fettes Brot und Sido. 2006 in Wetzlar setzte sich die Gruppe Seeed mit *Ding* gegen Revolverheld und In Extremo durch. 2007 triumphierten Oomph! und Marta Jandová mit *Träumst du* vor Jan Delay und Kim Frank. Beim Contest in Hannover gewann am 14. Februar 2008 Subway to Sally mit einem Punkt Vorsprung vor Clueso.

Der *Bundesvision Song Contest* 2009 fand am Freitag den 13. Februar 2009 in Potsdam statt. Der Berliner Reggae- und HipHop-Musiker Peter Fox gewann, der den Wettbewerb schon 2006 mit seiner Gruppe Seeed gewonnen hatte. Er erreichte mit 174 Stimmen das bisher beste Ergebnis in der Geschichte des Contests. Den zweiten Platz belegte die Band Polarkreis 18 gefolgt von der Metalband Rage. Den Contest am 1. Oktober 2010 in der Berliner Max-Schmeling-Halle gewann Unheilig für das Bundesland Nordrhein-Westfalen mit dem Titel *Unter deiner Flagge* und 164 Punkten.

Jazz und Swing

Im April 2005 veranstaltete Raab eine *Jazz-Night* rund um den Swing. Gemeinsam mit Max Mutzke, Tom Gaebel, Helge Schneider, Bonita Jeanetta Louw und einer eigens engagierten Bigband präsentierte er neue Versionen bekannter Lieder wie *Hänschen Klein*, *Über den Wolken* oder *My Way*. Am 22. Dezember 2005 folgte die *Große Nacht der Stars* mit Jeanette Biedermann, Wigald Boning, Tom Gaebel, Luise Koschinsky, Oli.P, Lucy Diakowska, Max Mutzke, Melanie C, Michael Bublé und Scooter.

Tanzwoche

Nachdem er einige Jahre zuvor mit einer Wildcard an der Foxtrott-WM teilgenommen hatte, präsentierte Stefan Raab im Oktober 2005 eine Tanzwoche. Mit einer Profitänzerin stellte er die Tänze Samba, Jive, Rumba und Cha-Cha-Cha vor.

Sport

Boxen

Ähnlich wie der amerikanische Entertainer Andy Kaufman für den Titel *Inter-Gender Wrestling Champion of the World* gegen Frauen in den Wrestling-Ring stieg, kämpfte Stefan Raab gegen Regina Halmich bei zwei Kämpfen um den Titel *Weltmeisterin sämtlicher Klassen*.

Den ersten Kampf über fünf Runden à zwei Minuten gegen die Weltmeisterin im Fliegengewicht verlor die „Killerplauze" am 22. März 2001 nach Punkten.

Am 30. März 2007 kam es in der ausverkauften Kölnarena zum Rückkampf zwischen Regina Halmich und Stefan Raab unter dem Motto *Die Rückkehr der Killerplauze*. Das mit einem Panzer, einem Käfig und lauter Musik inszenierte Show-Duell war die zentrale Veranstaltung der *McFit-Fight Night*, in der es u. a. auch zum WM-Kampf von Susianna Kentikian kam. Raab verlor erwartungsgemäß, konnte aber alle sechs Runden überstehen. Weil Elton nicht an ihn geglaubt hatte, musste der Show-Praktikant im November 2007 den New-York-City-Marathon absolvieren. Er lief ihn in fünfeinhalb Stunden und einer Sekunde, Stefan würdigte Eltons Leistung indem er ihn zum Show**ober**praktikanten beförderte. Moderiert wurde das Event von Oliver Welke, Dariusz Michalczewski, Matthias Preuss, Jan Stecker und Johanna Klum.

Wok-Weltmeisterschaft

→ *Hauptartikel: Wok-WM*

In der Wetten, dass..?-Sendung vom 22. Februar 2003 bot Raab als Wettpate an, die Bob-Bahn in Winterberg in einem Wok herunterzufahren. Daraus entstand die „Wok-Weltmeisterschaft", bei der prominente Teilnehmer aus Sport und Show jedes Jahr in der Einer- und Vierer-Disziplin antreten. Austragungsorte sind die Bahnen in Winterberg, Innsbruck (Österreich) und Altenberg (Erzgebirge). Die erfolgreichsten Teilnehmer sind der Olympia-Sieger Georg Hackl, der Musiker und Extremsportler Joey Kelly, der Moderator Stefan Gödde und Raab persönlich. Wegen des Vorwurfs der Schleichwerbung war ProSieben 2009 erstmals gezwungen, die Wok-WM als *Dauerwerbesendung* zu kennzeichnen. Als Reaktion darauf wird seitdem in der täglichen TV-total-Sendung der Hinweis *Dauerfernsehsendung* eingeblendet.

Eisschnelllauf

Am 4. April 2002 trat Stefan Raab im Eisschnelllauf gegen die Olympiasiegerin Claudia Pechstein an. Er gewann das Rennen über 3000 Meter knapp, jedoch nur dank eines Vorsprungs von 900 Metern.

Springreiten

Am 30. September 2004 veranstaltete Stefan Raab auf dem CHIO-Gelände in der Aachener Soers ein Springreit-Championat mit vielen Prominenten. Die Dressurreiterin Isabell Werth gewann den Wettbewerb vor Tobias Schlegl und Charlotte Karlinder, Raab schied nach dem zweiten Durchgang aus.

Turmspringen

→ *Hauptartikel: TV total Turmspringen*

Als weiterer sportlicher Wettbewerb fand das *TV total Turmspringen* erstmals am 16. Dezember 2004 in der Olympia-Schwimmhalle in München statt. Er wird seitdem fast jährlich ausgetragen, 2005 in der Schwimm- und Sprunghalle im Europasportpark in Berlin und danach wieder in München. Es treten jeweils etwa zehn Springer und Paare im Einzel- und Synchronspringen an.

Stock Car

→ *Hauptartikel: TV total Stock Car Crash Challenge*

Bei einem Beitrag für die Rubrik *Raab in Gefahr* lernte der Moderator das Stockcar-Rennen kennen und veranstaltete den eigenen Wettbewerb, bis auf 2008, in der Gelsenkirchener Veltins-Arena. Bei der *Stock Car Crash Challenge* gibt es drei Wettbewerbe in den Klassen 1500, 1900 und 3000 cm^3 sowie ein *Rodeo-Rennen*, das so lange dauert, bis nur noch Autos eines Teams fahrtüchtig sind. 2011 wurde erstmals ein Caravan-Crash-Cup veranstaltet, bei dem 4 Fahrer mit Wohnwagen die Strecke absolvieren. Moderiert wurde dieses Spektakel von 2005 bis 2008 von Oliver Welke und Sonya Kraus. Im Jahr 2009 wurde Welke von Charlotte Engelhardt unterstützt. 2010 moderierte Matthias Opdenhövel die Sendung, bei den Teams interviewte Sonya Kraus die Fahrer, ebenso wie 2011, als Steven Gätjen die Sendung moderierte.

Parallelslalom

Nach einer witterungsbedingten Verschiebung präsentierte Stefan Raab den *Großen TV total Parallelslalom* am 16. Dezember 2006 aus St. Anton am Arlberg mit 15 prominenten Teilnehmern. Christian Clerici gewann den Finallauf auf der Weltcup-Strecke gegen Richter Alexander Hold. Den dritten Platz sicherte sich DJ BoBo im Duell mit Raab.

Autoball

Autoball ist eine Ballsportart, bei der zwei Mannschaften mit dem Ziel gegeneinander antreten, mit ihren Fahrzeugen mehr Tore als der Gegner zu erzielen und so das Spiel zu gewinnen. Die Spielzeit beträgt üblicherweise 2 × 5 Minuten. Die Sportart gilt als eine Variante des Motoball.

Geschichte

In den frühen 1930er Jahren stellte der erfolgreichste Automobilrennfahrer des vorherigen Jahrzehnts, Karl Kappler (1891–1962), im badischen Karlsruhe eine *automobile Ballsportart* vor. Am 16. Juni 1933 fand das erste Spiel auf dem Fußballplatz des FC Frankonia Karlsruhe statt. Dabei trat der überlegene Kappler gegen *Willy Engesser* an. Auch drei weitere Spiele konnte Kappler für sich entscheiden. Nach dem Rückzug Kapplers aus dem Motorsport im Jahr 1935 geriet Autoball weitestgehend in Vergessenheit. Als Fahrzeuge wurden damals unter anderem ein Wanderer W10 sowie ein Mercedes-Benz 290 benutzt. Der Durchmesser des Spielballs betrug etwa 120 Zentimeter.[7]

Bei der Schlag-den-Raab-Folge vom 3. November 2007 wurde die Sportart wiederbelebt. Im dritten Spiel des Abends trat Stefan Raab gegen die Kandidatin *Sonja* an. Nach sieben Minuten Spielzeit gewann Raab das Spiel mit 6:0.[8]

Regeln

Beim Autoball-Sport spielen die Teams 1 gegen 1 in prinzipiell normalen Autos, wie sie auch im normalen Straßenverkehr fahren, mit einem großen Ball gegeneinander. Der Ball wiegt nach Angaben von ProSieben etwa 15 kg und hat einen Durchmesser von über zwei Metern.

Europameisterschaft 2008

Am Freitag, 6. Juni 2008, einen Tag vor der Eröffnung der Fußball-Europameisterschaft 2008, veranstaltete Stefan Raab in der Kölnarena die *TV total Autoball-Europameisterschaft 2008*. Entstanden ist die Idee nach der siebten Ausgabe von Schlag den Raab, in der Raab gegen seine Gegnerin Sonja bei diesem Spiel gewinnen konnte. Insgesamt ermittelten acht Länderteams mit prominenter Besetzung in der Kölnarena den ersten Autoball-Europameister. Neben Stefan Raab (Deutschland) waren noch Patrick Nuo (Schweiz), Thomas Muster (Österreich), Dariusz Michalczewski (Polen), Giovanni Zarrella (Italien), Bülent Ceylan (Türkei), Sergej Barbarez (Bosnien-Herzegowina) und Raabs Dauerrivale Joey Kelly (Irland) mit von der Partie. Die Netto-Spielzeit pro Begegnung betrug fünf Minuten. Aus jeder Vierergruppe qualifizierten sich die beiden besten Spieler für das Halbfinale. Im ersten Halbfinale schied Barbarez gegen Kelly aus, im zweiten Halbfinale gewann Raab gegen Zarrella. Im Finale besiegte Stefan Raab Joey Kelly mit 2:1 und wurde damit erster Autoball-Europameister.[9] Moderiert wurde die Sendung von Oliver Welke und Matthias Opdenhövel, Kommentator war Frank Buschmann.

Gruppe A

1. Sergej Barbarez
2. Stefan Raab
3. Thomas Muster
4. Dariusz Michalczewski

Gruppe B

1. Giovanni Zarrella

2. Joey Kelly
3. Patrick Nuo
4. Bülent Ceylan

Halbfinale		Finale	
Sergej Barbarez	4		
Joey Kelly	**5**	Joey Kelly	1
		Stefan Raab	**2**
Stefan Raab	**5**		
Giovanni Zarrella	3		

Weltmeisterschaft 2010

Das letzte Autoball-Event, die „TV total Autoball Weltmeisterschaft 2010", fand am 4. Juni 2010 statt. Austragungsort war wieder die Lanxess Arena in Köln.[10] Teilnehmer waren Stefan Raab (Deutschland), Giovanni Zarrella (Italien), Joey Kelly (Irland), Daniel Aminati (Ghana), Ross Antony (England), Ailton (Brasilien) sowie Harry Wijnvoord (Niederlande) und Henri Leconte (Frankreich).

Gruppe A

Rang	Land	Tore	Punkte
1	Giovanni Zarrella (Italien)	9:4	7
2	Joey Kelly (Irland)	6:5	6
3	Henri Leconte (Frankreich)	4:3	4
4	Aílton (Brasilien)	1:8	0

			Tore
Italien	–	Irland	4:2
Frankreich	–	Brasilien	2:0
Irland	–	Frankreich	2:1
Italien	–	Brasilien	4:1
Italien	–	Frankreich	1:1
Irland	–	Brasilien	2:0

Gruppe B

Rang	Land	Tore	Punkte
1	Stefan Raab (Deutschland)	11:5	9
2	Daniel Aminati (Ghana)	12:7	4
3	Ross Antony (England)	6:7	4
4	Harry Wijnvoord (Niederlande)	5:15	0

			Tore
Ghana	–	Deutschland	4:5
Niederlande	–	England	3:5
England	–	Ghana	1:1
Deutschland	–	Niederlande	3:1
Ghana	–	Niederlande	7:1
Deutschland	–	England	3:0

Halbfinale		Finale	
Giovanni Zarrella	**3**		
Daniel Aminati	1	Giovanni Zarrella	**7 n.E.**
		Stefan Raab	6 n.E.
Joey Kelly	**0**		
Stefan Raab	**5**		

Deutscher Eisfußball-Pokal

Bei Schlag den Raab gab es am 17. Januar 2009 das Spiel *Eisfußball*, bei dem die Kontrahenten in Bowlingschuhen auf dem Eis Fußball spielten. Raab gefiel das Spiel so gut, dass er nach einigen Tests einen neuen Wettbewerb entwickelte. Die erste Ausgabe des Deutschen Eisfußball Pokals (DEFB-Pokals) wurde am 29. Mai 2009 – einen Tag vor dem DFB-Pokal-Finale – in der Lanxess Arena in Köln ausgetragen. Wie bereits die Wok-WM wurde diese Sendung ebenfalls als Dauerwerbesendung ausgestrahlt.

Prominente Vertreter und Fans von Mannschaften der Fußball-Bundesliga spielten gegeneinander, während die Sendung live auf ProSieben übertragen wurde. Die Netto-Spielzeit pro Begegnung betrug fünf Minuten in der Gruppenphase und acht im K.O-System. Aus jeder Vierergruppe qualifizierten sich die beiden besten Vereine für das Halbfinale. Sieger wurde der VfB Stuttgart.[11] Stefan Raab wurde mit drei Toren Torschützenkönig.

Teilnehmer waren:[12] [13]

FC St. Pauli:	Elton (Kapitän), Stefan Kretzschmar, Mark Tavassol, Martin Driller, Claudia Pechstein, Michel Mazingu und Benny Adrion
Hamburger SV:	Sergej Barbarez (Kapitän), Olli Dittrich, Tim Mälzer, Bjarne Mädel, Erik Meijer, Harald Spörl und Jörg Albertz
VfB Stuttgart:	Fredi Bobic (Kapitän), Guido Cantz, Joey Kelly, Jens Keller, Gerhard Poschner, Franz Wohlfahrt und Guido Buchwald
Eintracht Frankfurt:	Uli Stein (Kapitän), Lars Niedereichholz, Axel Kruse, Ralf Falkenmayer, Marko Rehmer, Rudi Bommer und Ansgar Brinkmann
1. FC Köln:	Stefan Raab (Kapitän), Axel Stein, Jürgen Milski, Christian Springer, Dirk Lottner, Toni Polster und Matthias Scherz
FC Bayern München:	Thomas Helmer (Kapitän), Georg Hackl, Peyman Amin, Carlo Thränhardt, Mario Basler, Andreas Herzog und Daniel Aminati
VfL Wolfsburg:	Thomas Brdaric (Kapitän), Dero, Frank Greiner, Siegfried Reich, Roy Präger, Stefan Schnoor und Michael Spies
FC Schalke 04:	Peter Lohmeyer (Kapitän), Charlotte Engelhardt, Steffen Freund, Yves Eigenrauch, Jörg Böhme, Tomasz Wałdoch und Ingo Anderbrügge

Gruppe A

1. VfB Stuttgart
2. FC St. Pauli
3. Eintracht Frankfurt
4. Hamburger SV

Gruppe B

1. 1. FC Köln
2. FC Bayern München
3. VfL Wolfsburg
4. FC Schalke 04

Halbfinale		Finale	
FC St. Pauli	**1**		
1. FC Köln	0	FC St. Pauli	0
VfB Stuttgart	**2**	VfB Stuttgart	**1**
FC Bayern München	1		

Weitere Sondersendungen

Neben dem regulären Programm werden in unregelmäßigen Abständen Sondersendungen produziert.

Poker-Nacht

Seit dem 6. Juli 2006 veranstaltet Raab mehrmals im Jahr eine Poker-Nacht. Zusammen mit Elton, drei Prominenten und einem Zuschauer-Kandidaten, der sich im Internet qualifiziert, spielt er Texas Hold'em. Der Gewinner erhält 50.000 €, die zuvor ausgeschiedenen Spieler erhalten 20.000 €, 15.000 €, 10.000 € und 5.000 €, der schlechteste Teilnehmer geht leer aus. Durch die Sendung führen Moderator Oliver Welke, der Experte Michael Körner von Sport1 und früher Croupier Gaby, heute Stefanie Quint[14] . Im Oktober 2010 übernahm Jessica Kastrop die Stelle von Oliver Welke.

Von der zweiten bis zur fünften Folge gewann jedes Mal der Internet-Qualifikant. Raab gewann beim 16. Turnier zum ersten und bislang einzigen Mal, schon fünf Mal siegte sein "Praktikant" Elton. Simone Thomalla gewann in der achten Ausgabe als erste Frau; ihr folgte in der zwölften Ausgabe Lilly Kerssenberg, die damalige Lebensgefährtin und heutige Ehefrau von Boris Becker.

Die folgende Tabelle nennt die Ergebnisse aller Sendungen.[15] Die Online-Qualifikanten sind dabei kursiv dargestellt. Bei mehrmals anwesenden Kandidaten ist die Nummer des Besuchs in Klammern hinter dem Namen angegeben, nicht aber bei den Dauerkandidaten Raab und Elton.

Folge	Datum	Sieger	Zweiter	Dritter	Vierter	Fünfter	Sechster
1	6. Juli 2006	Elton	Michael Herbig	Stefan Raab	*Christoffer*	Heike Makatsch	Sasha
2	14. Dezember 2006	*Thilo*	Elton	Michael Mittermeier	Lars Niedereichholz	Katy Karrenbauer	Stefan Raab
3	21. Februar 2007	*Thomas*	Axel Stein	Hugo Egon Balder	Elton	Stefan Raab	Janine Kunze
4	19. April 2007	*Alexander*	Stefan Raab	Karl Dall	Charlotte Engelhardt	Torsten Frings	Elton
5	31. Mai 2007	*Marcel*	Mike Krüger	Stefan Raab	Elton	Bernhard Hoëcker	Miriam Pielhau (1)
6	27. September 2007	Elton	Stefan Raab	Peter Lohmeyer	*Ernst*	Marta Jandová	Oliver Pocher
7	13. Dezember 2007	DJ BoBo	Elton	Reiner Calmund	*Kai Hild*	Julia Stinshoff	Stefan Raab
8	28. Februar 2008	Simone Thomalla	*Claus*	Kaya Yanar	Stefan Raab	Kai Pflaume	Elton
9	1. Mai 2008	Tim Mälzer	Stefan Kretzschmar (1)	Stefan Raab	*Pascal*	Elton	Felicitas Woll
10	6. November 2008	Elton	*Barry Purkis*	Moritz Bleibtreu	Stefan Raab	Sarah Wiener	Sido
11	16. Dezember 2008	Florian Silbereisen	Helge Schneider (1)	*Toni*	Stefanie Kloß	Stefan Raab	Elton
12	3. Februar 2009	Lilly Kerssenberg (1)	Stefan Raab	Elton	Mario Basler	*Steven*	Boris Becker (1)
13	17. März 2009	Joey Kelly	Stefan Raab	Dirk Bach	Cora Schumacher	Elton	*Thorsten Judt*
14	27. Oktober 2009	*Jan-Philipp*	Boris Becker (2)	Ruud Gullit	Lilly Becker (2)	Elton	Stefan Raab
15	8. Dezember 2009	Elton	Detlef D! Soost	Olaf Schubert	*Achim*	Sonja Zietlow	Stefan Raab
16	22. Februar 2010	Stefan Raab	*Herbert*	Elton	Howard Carpendale	Peyman Amin	Charlotte Roche (1)
17	20. April 2010	*Semih*	Stefan Kretzschmar (2)	Cindy aus Marzahn	Elton	Stefan Raab	Uwe Ochsenknecht
18	19. Oktober 2010	*Marco*	Helge Schneider (2)	David Garrett	Sonya Kraus	Charlotte Roche (2)	Stefan Raab
19	7. Dezember 2010	Götz Otto	Elton	Bülent Ceylan	Miriam Pielhau (2)	Stefan Raab	*Carlo*
20	1. März 2011	*Dustin*	Stefan Raab	Elton	Ralf Schmitz	Martina Hill	Horst Lichter
21	3. Mai 2011	Vera Int-Veen	Elton	Stefan Raab	*Marco*	Guido Cantz	Sophia Thomalla
22	18. Oktober 2011	Elton	Sascha Hehn	Matze Knop	Lena Meyer-Landrut	*Markus*	Stefan Raab

23	20. Dezember 2011	Pius Heinz	Elton	Stefan Raab	Jürgen von der Lippe	H. P. Baxxter	*Hauke*

Die durchschnittliche Platzierung der Dauerteilnehmer Stefan Raab (3,95) und Elton (3,19) lag bisher in der Nähe des Erwartungswertes bei einer Gleichverteilung (3,50), wohingegen die Online-Qualifikanten im Mittel besser abschnitten (2,86).

Bowling-Abend

Nachdem für eine Ausgabe der Samstagabend-Show *Schlag den Raab* eine Bowling-Anlage aufgebaut wurde, veranstaltete Stefan Raab am 25. Oktober 2006 eine Bowling-Runde mit den Gästen Sonya Kraus, Oliver Welke und Elton. Letzterer gewann mit 116 Punkten vor Raab, Welke und Kraus. Am Nikolaus-Abend gab es eine zweite Ausgabe, bei der sich Raab mit 106 Punkten gegen Elton, Jeanette Biedermann und Ben durchsetzte.

Silvester Spezial

Von 2001 bis 2008 präsentierte ProSieben jedes Jahr zu Silvester ein *TV total Silvester Spezial*. Bis Silvester 2007 blickten Raab und seine Gäste Christoph Maria Herbst, Rick Kavanian, Michael Herbig und Sonya Kraus auf das abgelaufene Jahr zurück. Silvester 2008 präsentierte Stefan Raab ohne Gäste auf der Couch die besten TV-Ausschnitte, die Hits des Jahres und die Highlights der TV total-Sendungen des Jahres. 2009 entfiel jedoch das Silvester Spezial. Dafür gab es am 21. Dezember eine Highlight-Sendung.

Jahresrückblick

Seit dem Jahr 2009 veranstaltet Raab anstelle der Sendung *TV-total-Silvester-Spezial* einen Jahresrückblick mit den TV-total-Highlights des Jahres. Die erste Ausgabe wurde am 21. Dezember 2009 ausgestrahlt.

Bundestagswahl

Am 17. September 2005 veranstaltete Stefan Raab eine Sondersendung zur Bundestagswahl 2005 mit den Politikern Christian Wulff (CDU), Franz Müntefering (SPD), Guido Westerwelle (FDP), Günther Beckstein (CSU) und Jürgen Trittin (Grüne). Als Co-Moderator half Peter Limbourg vom Partnersender N24. Matthias Opdenhövel präsentierte die Ergebnisse eines Televotings, bei dem jeder, also auch Minderjährige und Menschen ohne deutsche Staatsangehörigkeit, ihre Stimme für eine Partei abgeben durften: SPD 36,5 %, CDU/CSU 30,1 %, FDP 13,7 %, Grüne 8,9 %, Linkspartei.PDS 10,7 %. Das Ergebnis spiegelte vor allem das politische Spektrum der jüngeren Zielgruppe, war aber vom Trend her genauer als die Vorhersagen der großen Institute. Für die Show erhielten Raab und Limbourg den Goldenen Prometheus in der Kategorie „Coup des Jahres“.[16]

Zu den Bundestagswahlen 2009 fand ein weiteres Bundestagswahlspecial statt, zu dem Vertreter von CDU (Christian Wulff), CSU (Karl-Theodor zu Guttenberg), SPD (Franz Müntefering), FDP (Guido Westerwelle), Bündnis90/Grüne (Jürgen Trittin) und Die Linke (Gregor Gysi) für den Vorabend der Wahl eingeladen wurden. Erneut moderierte Raab zusammen mit Peter Limbourg.[17] Die Linkspartei erreichte bei dieser Sendung sehr hohe Ergebnisse (in manchen Bundesländern sogar absolute Mehrheiten). Im Vorfeld reagierte die Piratenpartei verärgert, weil man eine Einladung mit der Begründung abgelehnt hatte, sie sei nicht im Bundestag vertreten.

Fußball-WM und -EM

Bei großen Turnieren steht der Fußball im Mittelpunkt der Sendung. Zur WM 2002 präsentierte Raab seine Erlebnisse in Japan, bei der EM 2004 reiste Elton gemeinsam mit Oliver Pocher in einem Wohnwagen durch das Gastgeberland Portugal.

Während der Fußball-Weltmeisterschaft 2006 wurde die Sendung unter dem Titel *WM total* live ausgestrahlt. Raab analysierte dabei das Geschehen rund um die WM, tippte die Spiele und spielte gegen den jeweiligen Studiogast den *Blind Kick*, ein überdimensionale Variante des Tipp-Kick, bei der lebende Spielfiguren, deren Augen verbunden sind, durch Kommandos von Raab und seinem Gegner gesteuert werden. Im Dezember 2005 hatte Raab bereits die Gruppenauslosung mit großen Übereinstimmungen vorweggenommen.

Zur Fußball-Europameisterschaft 2008 und der Fußball-Weltmeisterschaft 2010 veranstaltete Raab jeweils eine Autoball-EM bzw. -WM.

Maskottchen-WM

Am 1. Juni 2006 fand ein Wettlauf mit den Maskottchen von insgesamt 46 Sportvereinen statt, den der Löwe des TV Großwallstadt vor dem Löwen von Bayer 04 Leverkusen, dem Tiger der Walter Tigers Tübingen und dem Zebra Ennatz vom MSV Duisburg gewann.

Olympische Spiele

Parallel zu den Olympischen Spielen 2004 fand die TV total Olympiade statt. Stefan Raab, Elton und jeweils ein prominenter Gast maßen sich in verschiedenen Leichtathletik-Disziplinen: Hochsprung mit Michael Herbig, Zeitfahrrennen mit Oliver Pocher und 100-Meter-Lauf mit Alida-Nadine Lauenstein. Zu den Olympischen Winterspielen 2006 gab es eine Neuauflage.

Hochsprung

Am 2. September 2004 fand das *TV total Hochsprung Meeting* statt. Pierre Geisensetter gewann mit 1,55 m gegen Elton, Joey Kelly, Matthias Opdenhövel, Simon Gosejohann und Oliver Pocher. Raab konnte verletzungsbedingt nicht teilnehmen.

TV total goes St. Moritz

Vom 9. bis 12. Januar 2006 zeigte Raab Einspieler von seinen Erlebnissen im Schweizer Skiort St. Moritz. Im Studio, das wie eine Alpenhütte gestaltet war, empfing er u. a. den Curling-Experten Max Reiser, die Jodel-Lehrerin Nadja Räss, den Freeski-Meister Alois Bickel und den ehemaligen Skirennläufer Willy Bogner junior.

Istanbul total

In der Woche vor dem „Eurovision Song Contest 2004" zeigten Stefan Raab, Max Mutzke, Elton und andere Gäste die Stadt Istanbul mit beispielsweise der Kultur, Menschen und TV-Auftritten in türkischen Fernsehshows.

TV total Oslo Spezial

In der Woche vor dem Eurovision Song Contest 2010 sendete TV total von Dienstag bis Freitag aus dem zwölften Stock des Gebäudes der norwegischen Arbeiterpartei in Oslo. In diesen Sendungen wurde u. A. die Rubrik "Lenas Tagebuch" gezeigt, in welcher die Gewinnerin von Unser Star für Oslo und dem 55. Eurovision Song Contest Lena Meyer-Landrut von einem Kamerateam während den Proben und Vorbereitungen sowie hinter den Kulissen des Eurovision Song Contest 2010 begleitet wurde. Gäste der Sendungen waren u. a. Charlotte Engelhardt, Elton, Marit Larsen, Wencke Myhre und der ESC-Gewinner 2009 Alexander Rybak. Auch nach dem Eurovision Song Contest gab es mehrere Spezialausgaben von TV total zu diesem Thema.

Stefan Raab bei einer Pressekonferenz des Eurovision Song Contest 2010 am 28. Mai 2010 in Oslo

TVTNSFDWADKHUWGNEMKAKVANBÜDLZT bei Stefan Raab

In seiner Sendung *TV total* suchte der Entertainer unter dieser Rubrik nach der schönsten Frau Deutschlands. Der Abkürzung steht für *TV total's next schöne Frau, die was auf dem Kasten hat und wenn's geht noch etwas mehr kann, als Kleider von A nach B über den Laufsteg zu tragen*. Ende Oktober 2010 begannen die ersten von insgesamt vier Raab-Castings in Köln. Am 14. März 2011 begann der Recall, bei dem sich täglich drei Kandidatinnen dem Studiopublikum zur Wahl stellen. Am 23. März 2011 ging die 26-jährige Korinna Kramer als Siegerin hervor. Sie trat seither bei TV total und auch am 2. April bei *Schlag den Raab* als Assistentin auf.

Ursprünglich sollte das Casting *TV total's Next Supermodel bei Stefan Raab* heißen. Dieser Titel war eine direkte Anspielung auf Heidi Klums Fernsehshow Germany's Next Topmodel by Heidi Klum, die seit 2006 ebenfalls bei ProSieben ausgestrahlt wird. Aus diesem Grund wurde die Sendung später umbenannt.[18]

Eurovision Total

In der Woche vor dem Eurovision Song Contest 2011 in Düsseldorf übernahm Matthias Opdenhövel die Sendung, da Raab als Moderator des Contests aufgrund der Live-Shows und zahlreichen Proben terminlich nicht zur Verfügung stand. Die Sondersendung wurde als Live-Sendung ausgestrahlt und fand von Montag bis Freitag statt. Am Sonntag nach dem ESC-Finale gab es um 19 Uhr noch eine weitere Ausgabe. Das Studio der Sendung befand sich in der Düsseldorf Arena, in der der ESC stattfand, durch die Fenster im Studio konnte man direkt auf die Bühne blicken. Auch in dieser Sendung gab es wieder "Lenas Tagebuch" sowie Hintergrundmaterial zum Contest. Gäste waren Stefan Raab, Lena Meyer-Landrut, Elton, Anke Engelke und Judith Rakers, die neben Raab den Contest moderierten, sowie Teilnehmer und Experten des ESC wie z.B. Jan Feddersen, Nadine Beiler etc.

Kontroversen und Rechtliches

Raab lotet in TV total die Grenzen dessen aus, was an Humor noch als akzeptabel gilt. Seine Witze macht er oft auf Kosten Dritter und Fernsehunerfahrener. Aus diesem Grund wurde Raab bereits mehrfach verklagt und beispielsweise im September 2005 wegen Verstoßes gegen das Kunsturhebergesetz (Recht am eigenen Bild) und Beleidigung zu einer Geldstrafe von 150.000 Euro verurteilt.[19] Am 20. Dezember 2007 hatte der Bundesgerichtshof zudem entschieden (Az. I ZR 42/05), dass die Produktionsfirma von TV total sich nicht auf das Zitatrecht berufen könne, wenn sie Ausschnitte nahezu unkommentiert ausstrahle, und daher ggf. Lizenzgebühren an andere Fernsehsender zahlen müsse.[20]

Zuschauerzahlen

- **1999**: *2,36 Mio.*
- **2000**: *3,21 Mio.*
- **2001**: *2,14 Mio.*
- **2002**: *1,76 Mio.*
- **2003**: *1,56 Mio.*
- **2004**: *1,28 Mio.*
- **2005**: *1,24 Mio.*
- **2006**: *1,11 Mio.*
- **2007**: *0,91 Mio.*
- **2008**: *0,87 Mio.*
- **2009**: *0,99 Mio.*

Die Jahresdurchschnittswerte (laut Gong 22/2007) seit dem Beginn 1999 (anfangs einmal, ab 2001 viermal wöchentlich)

Rezeption

Kritik

Kritik erntet die Sendung in ihrer neuen Ausrichtung, die als Grund für den seit Jahren anhaltenden Zuschauerschwund angesehen wird. War *TV total* früher ein Skurrilitätenkabinett des deutschen Fernsehens, wird die Sendung heute vor allem bestimmt durch Gespräche mit Gästen, durch Werbung für von ProSieben produzierte Filme und durch Ereignisse wie die Poker-Nacht und die Vermarktung von Popmusikern. Im Jahr 2007 erreichte die Sendung nur noch einen Zuschauerschnitt von 910.000 und liegt mit einer Einschaltquote von 6,5 % unter dem Senderschnitt. Allerdings beginnt die Sendung mittlerweile sehr oft erst um 23:15 Uhr. ProSieben hat seinen Vertrag mit Raab im Jahr 2009 „um mehrere Jahre" verlängert.[21]

Auszeichnungen

- 1999: Deutscher Comedypreis *Beste Moderation* für Stefan Raab
- 1999: Deutscher Fernsehpreis *Beste Unterhaltungssendung*
- 2000 und 2002: OnlineStar für www.tvtotal.de
- 2000: Österreichischer Fernsehpreis Romy
- 2000: Goldene Schallplatte Gold für „Das TV total Album"
- 2001: Rose d'Or *Bronzene Rose für Vielseitigkeit* an „Best of TV total"
- 2001: Radio Regenbogen Award in der Kategorie *Comedy 2000*
- 2002: Goldene Schallplatte Gold für die DVD „TV total Erstwählercheck", „Best of TV total 2001" und „Best of TV total Vol. 2", Platin für „Best of TV total 2001"

- 2004: Adolf-Grimme-Preis *Spezial* für die Entdeckung und Förderung von Musiktalenten durch „SSDSGPS – Ein Lied für Istanbul“
- 2005: ECHO *Medienpartner des Jahres* für den „Bundesvision Song Contest“
- 2006: Goldener Prometheus für den „Coup des Jahres“
- 2008: Bambi für Entertainment
- 2010: Deutscher Fernsehpreis in den Kategorien „Beste Unterhaltung“ und „Besondere Leistung Unterhaltung“
- 2010: Deutscher Comedypreis in der Kategorie „Beste Late Night Show“

Nominierungen

- 2000: Adolf-Grimme-Preis
- 2003: Deutscher Comedypreis
- 2004: Deutscher Fernsehpreis für *SSDSGPS – Ein Lied für Istanbul* und *Die 1. offizielle Wok-WM*
- 2004: Bambi
- 2005: Deutscher Fernsehpreis für *Das Große TV total Turmspringen*
- 2006: Rose d'Or in der Kategorie *Variety* für *Das Große TV total Turmspringen*
- 2009: Deutscher Comedypreis – Beste Late Night Show
- 2011: Deutscher Comedypreis – Beste Late Night Show

Literatur

- Jörg-Uwe Nieland: *"Unterhaltend, nicht repräsentativ" – die Bundestagswahl 2009 als Politshow auf Pro7*, in: Christina Holtz-Bacha (Hrsg.): *Die Massenmedien im Wahlkampf. Das Wahljahr 2009*, 1. Auflage, VS Verlag für Sozialwissenschaften, Wiesbaden 2010, ISBN 978-3-531-17414-3, S. 258-282.

Weblinks

- Offizielle Website [22]
- **' in der deutschen [23] und englischen [24] Version der Internet Movie Database**

Einzelnachweise

[1] *Blamieren oder Kassieren*, Sendung vom 27. März 2006 (http://tvtotal.prosieben.de/tvtotal/videos/player/index.html?contentId=17010)

[2] Stefan Raab wegen «Bimmel-Bingo» verklagt: Entertainer muss Schmerzensgeld zahlen (http://www.netzeitung.de/medien/192690.html), Netzeitung, 5. Juni 2002

[3] Shortnews, *Stefan Raab trauert: Show-Opa Willi ist tot* (http://www.shortnews.de/start.cfm?id=450626)

[4] vgl. Holger Schramm: *Musikcastingshows*, in: Peter Moormann (Hrsg.): *Musik im Fernsehen. Sendeformen und Gestaltungsprinzipien*, 1. Auflage, VS Verlag für Sozialwissenschaften, Wiesbaden 2010, ISBN 978-3-531-15976-8, S. 58.

[5] Verraabscht? Der perfekte PR-Deal (http://quotenmeter.de/index.php?newsid=19906).

[6] Spiegel online: Raab kündigt eigene Superstar-Show an (http://www.spiegel.de/panorama/leute/0,1518,480392,00.html)

[7] *Karlsruhe - Wiege des Autoballs* (http://www.karlsruhe.de/kultur/stadtgeschichte/blick_geschichte/blick82/blickpunkt82.de) (Deutsch). *karlsruhe.de*. Abgerufen am 6. November 2010.

[8] *SCHLAG DEN RAAB 03.11.2007 Autoball Spiel 3* (http://video.google.com/videoplay?docid=7351633344558885736#) (Deutsch). *video.google.com*. Abgerufen am 6. November 2010.

[9] Spiegel-Online: Schrottlauben-Schlacht als EM-Ersatzbefriedigung (http://www.spiegel.de/kultur/gesellschaft/0,1518,558287,00.html)

[10] Lanxess Arena Events (http://www.lanxess-arena.de/events/detailansicht/datum/376.html)

[11] Ergebnisse des Eisfußball-Pokals auf der TV-total-Website (http://tvtotal.prosieben.de/tvtotal/specials/eisfussball_2009/05195.html)

[12] Kader Eisfußball 2009, Teil 1 (http://tvtotal.prosieben.de/tvtotal/specials/eisfussball_2009/05192.html)

[13] Kader Eisfußball 2009, Teil 2 (http://tvtotal.prosieben.de/tvtotal/specials/eisfussball_2009/05190.html)

[14] Der Poker-Coach von Florian Silbereisen (http://www.vlothoer-anzeiger.de/lokales/bad_oeynhausen/2862716_Der_Poker-Coach_von_Florian_Silbereisen.html), abgerufen am 19. Oktober 2011

[15] Ergebnisse aller Pokerdsendungen außer der ersten auf der offiziellen Website (http://tvtotal.prosieben.de/tvtotal/tvtotal/specials/pokerstars/04127.html)

[16] Goldener Prometheus für TV total Bundestagswahl (http://www.goldener-prometheus.de/preistraeger.php)

[17] Kölnische Rundschau (http://www.rundschau-online.de/html/artikel/1246895324562.shtml)
[18] Sendung vom 3. November 2010 (http://tvtotal.prosieben.de/tvtotal/videos/player/index.html?contentId=91397)
[19] Raab muss 150000 Euro zahlen (http://www.rundschau-online.de/servlet/OriginalContentServer?pagename=ksta/page&atype=ksArtikel&aid=1126847257463), dpa via rundschau-online.de, 16. September 2005
[20] derNewsticker.de: *BGH: TV total verstößt gegen Urheberrecht* (http://www.derNewsticker.de/news.php?id=21074), vom 25. Juni 2008, abgerufen am 25. Juni 2008
[21] DWDL.de - Stefan Raab bleibt ProSieben weiterhin treu (http://www.dwdl.de/article/story_20125,00.html)
[22] http://tvtotal.de/
[23] http://www.imdb.de/title/tt0207274
[24] http://www.imdb.com/title/tt0207274

Article Sources and Contributors

Anke_Late_Night *Source*: http://de.wikipedia.org/w/index.php?title=Anke_Late_Night *Contributors*: Angan, Anneke Wolf, Carbidfischer, DasBee, Der Wolf im Wald, Dick Tracy, Discostu, Dolos, Factumquintus, Fragwürdig, Harro von Wuff, Head, JCS, Jobu0101, LKD, MaxX, Napa, Rolf H., RomanMLink, Ska13351, StephanKetz, Suppengrün, Trainspotter, Wikimensch, Zellreder, 18 anonymous edits

Late-Night-Show *Source*: http://de.wikipedia.org/w/index.php?title=Late-Night-Show *Contributors*: ++gardenfriend++, Afromme, Amblin, Andruil, Arntantin, Athome, BJ Axel, BSide, Baumi, Beck's, Berny68, Bogart99, Brodkey65, Bücherhexe, Carbidfischer, Celph titled, DanielXP, Davidhan, Decius, Der gelehrte hermes1974, Diderot76, Dozor, Drumknott, Dsh, Duesi, EvaK, Franck000, H0tte, Hoo man, HurricaneButterfly, Hydro, Hyperdieter, Invisigoth67, JD03, Jange, Javelin, Johannes Ries, KGF, Katimpe, Kh80, Liberal Freemason, Luxo, Ma.rc.us, Metoaster, NicoHaase, Nicowa, Okmijnuhb, Rene-iwh80, Rollo rueckwaerts, Rudolf von Rheinfelden, Scherben, Schnoerkel, Shankar Batija, Sir, Stefan2810, Stephan1982, StephanKetz, Supercoach, Sven Knoch, Sypholux, TheRumourman, Thierry Pool, Ticketautomat, Tilla, Torte80, Uebel, UltraRainbows, VolkeR., Vuxi, Wiki-Hypo, Wst, Ĝù, 98 anonymous edits

Brainpool *Source*: http://de.wikipedia.org/w/index.php?title=Brainpool *Contributors*: A.Savin, Actany28, Aka, Andruil, Apollo*, Aristeas, BKSlink, CeGe, Chemiewikibm, ChrisPott, DasBee, Der Wolf im Wald, DerHexer, DerOlli, Dick Tracy, Doleo, Don-golione, Drahreg01, Dynamonit, Eiragorn, Farino, Flominator, Florean Fortescue, FlorianB, Foso, Giftmischer, Graf, Groupsixty, Hirschi, JD03, JaScho, Jello, Jesi, JirM, Jkü, Jobu0101, Jodo, Jonny84, Kku, Koerpertraining, Krd, Kubrick, LSDSL, Lenny222, Linksnet, Lipstar, Lobservateur, M.Marangio, Manly, Markuja, Markus Mueller, Martin1978, Matt314, McSearch, Media123, Melly42, MichaelDiederich, Nachtgestalt, Nemissimo, Nike-RG, Noebse, Orange Apple, Overdose, Philipp2010, Popie, PsY.cHo, Queryzo, Renredam, Ringuu, RolandH, Rolf H., STBR, Samson1, Sdr3, Southpark, Spaetabends, Srittau, StarSizes, Stomp, Sven Knoch, Tadzio, Thetawave, Tilla, Tintenherz12, Tobias1983, Trg, Umbricht, Umweltschützen, Vader, WOBE3333, Webverbesserer, Wertarbeit, WikiCare, Wnme, Yanestra, Yihaa, Zaphiro, 90 anonymous edits

21._Oktober *Source*: http://de.wikipedia.org/w/index.php?title=21._Oktober *Contributors*: 4tilden, A.Savin, AFBorchert, APPER, Aavat, Aerocat, Alexander Z., Aloiswuest, Ampfinger, Andibrunt, Armin P., Arne List, Asdert, Asthma, Austronaut, Baird's Tapir, Bautsch, Beat22, Ben Nevis, Ben-Zin, Bernhard55, BigB, Bogart99, Boondog, Bwag, Carbidfischer, Carol.Christiansen, Cartinal, CdaMVvWgS, ChrisHamburg, Christianus, ChristophDemmer, ChristophThomann, Conversion script, César, Cú Faoil, Daiichi, DasBee, Decius, Demonax, Der Wolf im Wald, Der.Traeumer, DerHexer, Diba, Discostu, Dodo19, Don Magnifico, DouglasDC10, Dr. Belotz, Dr.Kelso, Dramburg, Drehrumbum, Dresdner90, Eastfrisian, Edmund Ferman, Emes, Ennimate, Enslin, Erika39, Euku, Florian.Keßler, Frank Dickert, G-C, GLGerman, GNB, Gamma127, Geist, der stets verneint, Gerbil, Gereon K., Ghoraidh, Gog, Graphikus, Guntha, Gustavgraves, Hachinger, HaeB, Herrick, Hystrix, Icke53, Igelball, Igrimm12, Ingochina, Ioannes.baptista, Irmgard, Ixitixel, J.-H. Janßen, Jed, Jergen, Jesi, JuTa, Juergen, Juesch, Kapitän Nemo, Katharina, Kingofears, Kunani, Kzee, Lewenstein, Lipstar, Logograph, Lzur, M aus du, MAK, Martin-vogel, Mathias Schindler, Matzematik, Melancholie, Mihewag, Mikue, Minderbinder, Mogelzahn, Myself488, Nichtbesserwisser, Nobody.de, Noop1958, Normalo, Numbo3, Oberlaender, Odin, Odrechsel, OinkOink, Ollih, Osterritter, Ot, Paramecium, Pelz, Pessottino, Peter200, Pfalzfrank, Pfieffer Latsch, Pit, Pittimann, Polarlys, Postmann Michael, Pyromg, Q'Alex, Rafl, Rax, RayWF, Regi51, Rita2008, Rlbberlin, Robodoc, Roland Kaufmann, Rybak, STBR, Sarafis, Schnargel, Schumir, Sechmet, Shannon, SibFreak, Sierra2020, SimonX, Sinn, Small Axe, Stahlkocher, Stfn, Susu the Puschel, Sydneyfox86, Syrcro, Sümpf, Tafkas, Th1979, Themcxp, Therealclub, Thomas Dancker, Ticketautomat, Tobi B., Tobiask, TomK32, Toolittle, Torsten Schleese, Traroth, Tresckow, Tsui, Tönjes, UZi 02, Uebel, Ulz, VIPer7, VampLanginus, Video2005, Volker Liebig, Voyager, WerstenerJung, Willicher, Woelle ffm, 143 anonymous edits

Kritik *Source*: http://de.wikipedia.org/w/index.php?title=Kritik *Contributors*: A.Savin, Achates, Aesos, Aka, Alma Pater, Amberg, ArtMechanic, Asthma, Avoided, Axelll84, Bandbrecherin, Buchsucher, C.Löser, Catfisheye, ChrisHamburg, Croq, Dave81, Der Chronist, DerGraueWolf, Dvd-junkie, Elya, Emkaer, Ephraim33, FBE2005, FelaFrey, Finkler s, Fossa, Franz Kappes, Get-back-world-respect, Graf-Stuhlhofer, Guido Watermann, Gut informiert, HV, Hafenbar, Hans J. Castorp, Herr Andrax, Herr von Quack und zu Bornhöft, HerrZog, Hyperion, Inkowik, JakobVoss, Jhartmann, Jivee Blau, Jzub, Kai-Hendrik, KnightMove, Krawi, LKD, LUZIFER, Last.past, Lesn, Libelle63, LogoX, Luha, MMax93, MaLaa, Manecke, Marilyn.hanson, Martin-vogel, Matt1971, Michail, Michileo, Mo4jolo, Mohahaddou, Moneybrother, Mr. B.B.C., Mychajlo, Noddy93, Obersachse, Odin, Olei, Ollio, PM3, ParaDox, Pco, Pendulin, Pere Ubu, Peter Nowak, Pill, Pittimann, Raubfisch, Regi51, Roo1812, Rosenkohl, Rtc, Sabata, Saehrimnir, Samech, Sargoth, Schewek, Sinn, Smoovex, Southpark, Stilfehler, Stoerte, Thomas7, Tischbeinahe, TobiasKlaus, Tönjes, Uwe Gille, WAH, Waltenstorfer, Wnme, Wolfgang1018, Wst, Yamavu, Zenon, 95 anonymous edits

Gerücht *Source*: http://de.wikipedia.org/w/index.php?title=Ger%C3%BCcht *Contributors*: Aka, Aldawalda, Andreas 06, AndreasPraefcke, Archipoeta, BLueFiSH.as, Baird's Tapir, Bernd vdB, Björn Bornhöft, Blonder1984, Brainswiffer, Carbenium, Caromio, Dave81, Der Chronist, DerHexer, Dodo von den Bergen, ESPOIR, Emkaer, Entlinkt, Ephraim33, Euphoriceyes, Franz Richter, Gabbahead., Geitost, HaSee, Herrick, Hoo man, Immanuel Giel, JoeB, Kai-Hendrik, Kam Solusar, Karl Gruber, Kasselklaus, Krawi, Kuebi, LaScriba, MacCambridge, Matt1971, Mitteleuropäer, MyDemi, Neon02, Numbo3, O.Koslowski, OecherAlemanne, PIGSgrame, Peng, Pittimann, Priwo, Qualitiygirly, Rufus46, Saehrimnir, Schlurcher, Spuk968, StG1990, Steevlein, StephanKetz, T.M.L.-KuTV, Tinz, Verum, Weissmann, WissensDürster, WolfgangRieger, Wst, Zinnmann, €pa, 54 anonymous edits

Olli_Dittrich *Source*: http://de.wikipedia.org/w/index.php?title=Olli_Dittrich *Contributors*: -enzyklop-, -jha-, 217, APPER, AchimP, Aka, AndreasPraefcke, BJ Axel, Beelzebubs Grandson, Bettenburg, Bhuck, BigTo, Blunt., Chillvie, Christian Günther, Cliffhanger, Complex, Cuno, Cybérian, DasBee, Diba, Don Hartmann, Dp2711, Dr. Colossus, Dr. Shaggeman, Drahreg01, Dreibein, E-qual, Engie, Englandfan, EricS, Eule4404, Faustjucken, Fck-fabi, FordPrefect42, Frank C. Müller, Fulcher, Galameli, Gamsbart, Generator, Gittergesoxxx, Goblor, Graf Zaphod, H-stt, Habakuk, Hansele, Harmonica, Harro von Wuff, He3nry, Hei ber, Henriette Fiebig, HugoZ, IGEL, IP-Wesen, JCS, Joerg w, Johannesrecker, John Eff, Jpp, JuergenL, KAMiKAZOW, Kai3k, Kandschwar, Kaus, Kdwnv, Lady Whistler, Laza, Lipstar, Loafing, Louie, MSGrabia, Magadan, Marcus Cyron, MarkusHagenlocher, Marqi, Mastad, Mermer, Micham6, Mpohl307, NEUROtiker, Nicor, Nobart, Oblaum, Octoate, Odo2004, PauKr, Paul-simon.eu, Phexxa, Philipendula, Pionic, RIMOLA, Raphael Frey, Reinhard Kraasch, Ri st, Rmw73, Ronomu, Rybak, STBR, Scherben, Schokohäubchen, Shoot the moon, Sic!, Siggi, Sinn, Sir, Sir James, Slouchhat, SpeakFree, TeesJ, Thommess, Tim.herrscher, Tim.landscheidt, Timo Baumann, Tonda, Tondose, Ulkomaalainen, UltraRainbows, WIKImaniac, Wiegels, Wikimensch, Zaphiro, Zellreder, °, 161 anonymous edits

Rudi_Carrell *Source*: http://de.wikipedia.org/w/index.php?title=Rudi_Carrell *Contributors*: .x, Achim Raschka, Afromme, Aka, Aktuelles 100, Albee, Alexander.stohr, Alexscho, Aloiswuest, Anaqonda, Andrea Schieber, Andreas 06, Androl, AntonReiser, Apfelsine, Aps, Aragorn05, Aspiriniks, Ben-Zin, Berglyra, Berlin-xberg, Bildungsbürger, Blötschkopp, Bob Andrews, Bonzo*, Boonekamp, Buchling, Buckie, Bötsy, Carstor, Castle, Charmion, Chemd, Chigliak, ChrisM, Christoph Neuroth, Christoph.kueberl, Complex, Counsellor, D, DaB., Dachris, Deirdre, DeltaLimaCharlie, Dennis140, Diebu, Disputer, Djmirko, Domybest, Dontworry, Dragan, Dreibein, Echtner, Eisbaer44, Ephraim33, F2hg.amsterdam, Faber-Castell, Fabsew, Flar, Florean Fortescue, Florrischu, Frankee 67, Franz Halac, Franz Richter, Freimut Kasupke, Frochtrup, G.Reinberg, Gabbahead., Geitost, GeorgHH, Gepardenforellenfischer, Giftmischer, Godewind, Golopolo, H2m23, Harry8, Heinte, Herrick, Hey wickie hey, Hubbsi, Hubertl, Ichmichi, Ikar.us, Ing. Schröder Walter, J budissin, JCS, Jan stunnenberg, JanineR, Janwo, Jazzman, Josh135, JuTa, Juhan, Kaese90, Kai3k, Kaisehr74, Karl Gruber, Karsten11, Kevin L., KlaraBeweis, Konrad Lackerbeck, Krassdaniel, Krächz, Kubrick, Kungfuman, Kurmis, Kuschelwinnie, La Cucaracha, Lemonbread, Leonardo, Loddo, Logograph, Lohental, Lütke, MIH2, Macfiron, Marcus Cyron, Maribert, Markus Hennig, Martin67, Marvins21, Mib18, Michael Kuznik, MilhouseDaniel, Mlucan, Mnh, Moros, Murray Bosinsky, Muschelschubser, Musikexperte, Musikwissenschaftler, Mvb, Nemissimo, Netnet, Nexus111, NiTeChiLLeR, NiTenIchiRyu, Nico Faber, Nina, Ninahotzenplotz, Novita, Oberlaender, Oberpepe, Observer22, Odo, Olaf1541, Olympian2004, Patty-picket, PaulBommel, Paulae, Peejay, Pelz, Peter Ziermann, Phtr88, Pill, Planetspace.de, Plenz, Plumpaquatsch, Pottz, Ppmp3, Pöt, Randbewohner, Raymond, Rayven86, Regi51, Revolus, Rhymesgalore, Rita2008, Rolibo, Ronomu, Rosenkohl, RoswithaC, Rybak, Rynacher, STBR, Sam Golden, Sargoth, Scheppi80, Schnellbehalter, Schweikhardt, Seeteufel, Semper, Senso, Shoshone, Silberchen, Sinn, Sir, Sir James, Specialblood, SpringAir, Spuk968, Stefan64, Steffen2, Stellasirius, Stern, Steschke, Stony2005, Sukuru, Superbass, Superflo1980, T.a.k., Taxiarchos228, Thomass, Thornard, Tilla, Tobias b köhler, Tobias1983, Tohma, Triebtäter, Tschaensky, Tsor, Tönjes, UMW, UTh, Umweltschützen, Urbanus, Uwca, Veilchenblau, Vog, Voyager, Wehrteddy, WhiteShark, Wiebketru, Wiegels, Wikimalte, Woches, Woertz, Wolfandreas, Wolfgang1018, Xocolatl, Zaungast, ZoeClaire, 295 anonymous edits

Die_Harald_Schmidt_Show *Source*: http://de.wikipedia.org/w/index.php?title=Die_Harald_Schmidt_Show *Contributors*: 217, 32X, APPER, Actany28, Afromme, Aka, Albee, AmblinX, Andruil, Arntantin, Athome, BKS-Ordner, BSI, Beefie, Bertkower Jung, Blatand, BuSchu, Chef, Christian Seel, ChristianErtl, CosmeticBoy, Daaavid, Dachbewohner, Der Bruzzla, Der Wolf im Wald, Dick Tracy, Dreaven3, Dundak, Eldred, Elian, Elya, Engelbaet, Fab, Factumquintus, FireStar, Fix 1998, Fkuehne, Florian Adler, Froo, Fubar, Fuchsmario, Gauss, Geschichtsfan, Goetz, HaeB, Hafenbar, Hajo Schröter-Naumann, Head, Heinte, Hhc2, Hinrich, Hofres, ICE21, IGEL, Ilsebill, Inkowik, Ixitixel, JACK, JCS, JD03, Jackalope, Jadadoo, Jeanyfan, Jodo, Joeb07, Joker.mg, Jotzet, Judeth, K. Nagel, Kandschwar, Knoerz, LKD, LuisDeLirio, Maestro alubia, Mikue, Morgenstund, Morten Haan, Multa, Mäfä, Nephelin, Nodh, Nyxos, Omi´s Törtchen, Pakeha, Peaceman.SaX, Penta, PsY.cHo, Rbf90, RobbyBer, Rolf H., RomanMLink, Roschue, Ruprecht, Rüdiger Wölk, Saehrimnir, Schnargel, SebastianWilken, Serienfan2010, Shep, Shoot the moon, Sir, Spss, Stefan Kühn, Supermartl, THOMAS, TMFS, Tilla, Times, Tostedt, Trainspotter, Tsor, Urbanus, Ureinwohner, Valentin Funk, VanGore, Vicious!, WIKImaniac, Waelder, Wiegels, WikiWikinger, Wipape, Wst, XenonX3, Zellreder, Éclusette, 137 anonymous edits

TV_total *Source*: http://de.wikipedia.org/w/index.php?title=TV_total *Contributors*: .gs8, 24seven, @gar, A.Savin, AF666, AHZ, Abe Lincoln, Actany28, Ahellwig, Aka, Akmu, All Eyez on me, Anaqonda, Andi357, Andibrunt, Andre4326, Andreas 06, Androide, Androl, Anneke Wolf, Ariannagwynned, Arntantin, Asentreu, Asthma, Avoided, BMWler, BSI, Baird's Tapir, BastianBlank, Baumfreund-FFM, Bdk, Benedikt2008, Bennsenson, Benny Karlsson, Benny der 1., Berita, BesondereUmstaende, Best71, Big brenn, Binford, Birnkammer fabian, Björn Bornhöft, BlackSophie, Blah, Blenco, BlueCücü, Bob Kelso, Bodenseemann, Brackenheim, Brick, Bub1986, Buchling, Bärski, CHR!S, CHfish, Cab84, Capaci34, CaptPicard, Carbidfischer, Cartinal, Catrin, Cb0412, CdaMVvWgS, Chaddy, Chef, China.cn, ChrisHamburg, ChrisHardy, Chrisfrenzel, Christ-ian, ChristianBier, Christoph Radtke, Church of emacs, Cleverboy, Cola-deckel, Conny, Conspiration, Cordin, Curtis Newton, Cvk, Cyper, Cyvh, César, D, D.W., DaB., Daaavid, Dachris, DanielXP, Darth Stassen, DasBee, Database, David67227, Deirdre, Der Wolf im Wald, Der.Traeumer, DerBenutzer, DerHans04, DerHexer, Derbroesel, Derderallesweis, DexterHolland, Dha, Diamondaine, Diba, Die Stämmefreek, Die tiefe blaue See, Digital nick, Dirk Weber, Dirk009m, Docmo, Dommi83, Don Magnifico, Dorr22, Dr.Haus, DrMurx, DraGoth, Dschanz, Dundak, E-qual, Earthtirol, Eilmeldung, Eintrachtfan27, Eiragorn, Eköm, ElTom, Elephant1989, Ely, Engie, Englandfan, EvaK, Exquiser, Eynre, Fabian 1997, Faschist777, Felistoria, Felix Stember, Fernsehfan, Finn-Pauls, FireBird, Flake112, Flavia67, Flitschie, Florian Adler, Flups,

Forrester, Fox21, Franck000, Franziskus Albertus, Freddy95, FredericII, Fredo 93, Freyn, Fridinger, Frittenflori, Frumpy, Gabbahead., Gammaflyer, Garver, Geist, der stets verneint, Geo1860, Gereon K., Goodcyclist, Gormo, GraceKelly, Gremlin2412, H0tte, HaeB, Halbkreis, Hannes Kuhnert, Hansele, HardDisk, Hardy42, Harro von Wuff, Haschtack, Head, Heinte, HellAlex, Hendrikharry, Hephaion, Hhc, Highpriority, Hofres, Holger 1983, Holly70, Holthus, Holzhirsch, Honk0, Horatio Caine, Hris, Hubertl, Hx87, Hydro, IMarc, IPodder90, Ibn Battuta, Ilja Lorek, Imschulze, Imzadi, Inkowik, Ischgucke, Iste Praetor, Italy 92, Itti, JCS, Jacks grinsende Rache, Jacktd, Jakob Gottfried, Janeda389, Jarlhelm, Jazz-face, Jebediah42, Jed, Jelko Arnds, Jen Keys, Jensen, Jergen, Jivee Blau, Jkj, Jks, Jobu0101, Jodo, Jodoform, Jonas123, Jonathan Haas, Jonesey, Jorges, Juliane, Julianrabe, JörgDraegerFan, KAMiKAZOW, Kaisersoft, Kandschwar, Karl Gruber, Kauk0r, Kh80, Klapper, Klara Rosa, Kleinesgelbesdreieck, Knickel, Kniffmaster, Kookaburra, Krassdaniel, Krawi, Krokofant, Kuhlo, KönigAlex, LKD, La Corona, LaWa, Lausitzer, Legislatur, Leider, Leithian, LeonP, Liberaler Humanist, Lichtspielhaus, Lipstar, Logograph, Lomped, LuWe, Lukas93G, M.L, MB-one, MBq, MDXDave, MG freeze, MSchnitzler2000, MaRow, Macgyverjoel, Magnummandel, Maikel, Manecke, Manoftours, Marcl1984, Mariachi, Martin Bahmann, Martin1978, Martynes, Matsch-Klon, Matthäus Wander, MaximusVS, McFred, McKing, Meezy, Meghann99, Meinungsfreiheit, Melly42, Mister redman, Mond20, Moritztw, Mps, Mr.RR, Mr.Sniper, Mr3, MrBurns, Ms005, Msommerlandt, Muck31, Mueschl, Muns, Muritatis, Musik-chris, Muvon53, Mvb, MxaaxM, MyNoirSpirit, Mynetwork, N-Gon, Neicki, Nephiliskos, NicoS, Nicolas G., Nicolas17, Niemot, Nightmareone, Nintendere, Nixtreff, Nockel12, Nolispanmo, Noogle, NyAp, O.Koslowski, Observer22, Ole62, Orci, Osiris2000, Overdose, P UdK, PDD, Paleiko, Parad0x0n, Parttaker, Pascal40, PaterMcFly, Patzi, PauKr, Pavl90, PeeCee, Pelz, Pessottino, Peter200, Peterlustig, Petruz, Phantom, Philipp Sauermann, Philipp Wetzlar, Pittimann, Politics, Popie, Powerboy1110, Professor A., PsY.cHo, RSX, Rabinator, Radschläger, Rauchi, Rdb, Reckoner, Redeemer, Redpower94, Regi51, Reinerh, Ringuu, Robb, RobertLechner, Robertmoennich, Rolf H., RomanMLink, RonaldH, Roosterfan, RoswithaC, Rudolfox, Ryan Lonswell, Römert, S.Didam, S12345678901234567890, SK Sturm Fan, SMESH, STBR, Saibo, Salitos, Scheppi80, SchirmerPower, Schlauwiestrumpf, Schmelzle, Schmiddtchen, Schreiber99, Schwanzowick trishojaspüfküasfjüdfasj, Schwimmmeister, SebastianKowalk, Seewolf, Seir, Selby, Shikeishu, SibQ, Sikilai, Sinn, Sir, Sir.toby, Sitacuisses, Sky-Walker9, SlashMe, Smeyen, Sonix, Southpark, Sproing, Spss, Spuk968, Sqeez3r, Srbauer, StG1990, StH, Starwash, SteMicha, Stefan-Xp, Stefan040780, Stefan64, Stipa, Suirenn, Suit, Sunbird, Supercoach, Suppengrün, Svenskan, Syrcro, T. Schmidbauer, T0f7k, THOMAS, Taprogge, Terabyte, Thawkm, ThePeritus, TheWolf, Thunder-cobra, Tilla, Timmjati, Tinz, Tmid, Tobi B., Tobias1983, Tomi-Toma, Tommy Kellas, Tostedt, Trainspotter, Triebtäter, Triggerhappy, Tromla, Trustable, Tröte, Tsor, Tuxman, Ulkomaalainen, Ulsimitsuki, UltraRainbows, Unaussprechbar, Unsterblicher, Ureinwohner, Uwe Gille, Viciarg, Viperb0y, VolvoS60, WAH, WIKImaniac, Waltershausen, WarriorsOfFuture, WikiPimpi, Wikiwelt, Wildzer0, Wilm Wilmink, Wladi001, Wnme, Wo st 01, Wolfgang H., Wurstwicht, Wuzur, X-guy, XenonX3, Xeph, Xls, YourEyesOnly, Yrwyddfa, Yubel, Zacke, Zarkumo, Zaungast, Zeitspeicher, ZerstoererX, Zollernalb, Zugehen, °, Ĝù, Στε φ, 905 anonymous edits

Image Sources, Licenses and Contributors

Bild: Ankequoten.PNG *Source*: http://de.wikipedia.org/w/index.php?title=Datei:Ankequoten.PNG *License*: unknown *Contributors*: Crux, MaxX, 1 anonymous edits

Datei:Brainpool logo.svg *Source*: http://de.wikipedia.org/w/index.php?title=Datei:Brainpool_logo.svg *License*: unknown *Contributors*: Akkakk, LSDSL

Datei:Magellan-Map-En.png *Source*: http://de.wikipedia.org/w/index.php?title=Datei:Magellan-Map-En.png *License*: unknown *Contributors*: Knutux, MesserWoland, Saibo, 1 anonymous edits

Datei:Sekigaharascreen.jpg *Source*: http://de.wikipedia.org/w/index.php?title=Datei:Sekigaharascreen.jpg *License*: unknown *Contributors*: User LordAmeth on en.wikipediaCollection of The Town of Sekigahara Archive of History and Cultural Anthropology

Datei:Trafalgar aufstellung.jpg *Source*: http://de.wikipedia.org/w/index.php?title=Datei:Trafalgar_aufstellung.jpg *License*: unknown *Contributors*: Cave cattum, Dbenzhuser, Man vyi, Mattes, Rama, Sendai2ci, 1 anonymous edits

Datei:Flucht bei Ball's Bluff.jpg *Source*: http://de.wikipedia.org/w/index.php?title=Datei:Flucht_bei_Ball's_Bluff.jpg *License*: unknown *Contributors*: Edmund Ferman, Wst

Datei:Attentatet mod Estrup 1885.jpg *Source*: http://de.wikipedia.org/w/index.php?title=Datei:Attentatet_mod_Estrup_1885.jpg *License*: unknown *Contributors*: Urbandweller

Datei:Karl Graf von Stürgkh.jpg *Source*: http://de.wikipedia.org/w/index.php?title=Datei:Karl_Graf_von_Stürgkh.jpg *License*: unknown *Contributors*: Daniel Baránek, Nicklaarakkers, Otberg

Datei:Kriegsgefangene.jpg *Source*: http://de.wikipedia.org/w/index.php?title=Datei:Kriegsgefangene.jpg *License*: unknown *Contributors*: EWriter, Infrogmation, Julo, Madmax32, Maksim, Mschlindwein, Pieter Kuiper, Rcbutcher, Rüdiger Wölk, Svencb, Túrelio, Zzyzx11, 6 anonymous edits

Datei:Marshallinseln-Pos.png *Source*: http://de.wikipedia.org/w/index.php?title=Datei:Marshallinseln-Pos.png *License*: unknown *Contributors*: Electionworld, Factumquintus, Gryffindor, Miaow Miaow

Datei:Heidelberger Mensch Replik Rosensteinmuseum.jpg *Source*: http://de.wikipedia.org/w/index.php?title=Datei:Heidelberger_Mensch_Replik_Rosensteinmuseum.jpg *License*: unknown *Contributors*: User:Immanuel Giel

Datei:Beltbrückeklein.JPG *Source*: http://de.wikipedia.org/w/index.php?title=Datei:Beltbrückeklein.JPG *License*: unknown *Contributors*: Original uploader was Steffen M. at de.wikipedia

Datei:Eris and dysnomia.jpg *Source*: http://de.wikipedia.org/w/index.php?title=Datei:Eris_and_dysnomia.jpg *License*: unknown *Contributors*: NASA, ESA, and M. Brown (California Institute of Technology)

Datei:Orpheus1858.jpg *Source*: http://de.wikipedia.org/w/index.php?title=Datei:Orpheus1858.jpg *License*: unknown *Contributors*: ?

Datei:Guggenheim museum exterior.jpg *Source*: http://de.wikipedia.org/w/index.php?title=Datei:Guggenheim_museum_exterior.jpg *License*: unknown *Contributors*: Conscious, Dogears, Fred J, Gaf.arq, Nilfanion, Paul Richter, Rei-artur, RIbberlin, Soerfm, TomAlt, Yarl, 2 anonymous edits

Datei:Wilma2005-colorIR.GIF *Source*: http://de.wikipedia.org/w/index.php?title=Datei:Wilma2005-colorIR.GIF *License*: unknown *Contributors*: Hurricanehink, Juliancolton, Shizhao, Tom, Wolke

Datei:Frederik 4.jpg *Source*: http://de.wikipedia.org/w/index.php?title=Datei:Frederik_4.jpg *License*: unknown *Contributors*: J P Trap:

Datei:AlfredNobel adjusted.jpg *Source*: http://de.wikipedia.org/w/index.php?title=Datei:AlfredNobel_adjusted.jpg *License*: unknown *Contributors*: Gösta Florman (1831–1900) / The Royal Library

Datei:Hermann Müller (1850-1927).jpg *Source*: http://de.wikipedia.org/w/index.php?title=Datei:Hermann_Müller_(1850-1927).jpg *License*: unknown *Contributors*: Original uploader was Martin Bahmann at de.wikipedia

Bild:Bundesarchiv Bild 183-R07878, Claire Waldoff.jpg *Source*: http://de.wikipedia.org/w/index.php?title=Datei:Bundesarchiv_Bild_183-R07878,_Claire_Waldoff.jpg *License*: unknown *Contributors*: Cherubino, Martin H.

Datei:Portrait of Birger Jarl.jpg *Source*: http://de.wikipedia.org/w/index.php?title=Datei:Portrait_of_Birger_Jarl.jpg *License*: unknown *Contributors*: EmilEikS, Hautala, Jebur, LX, Paddy

Datei:Horatio Nelson.jpg *Source*: http://de.wikipedia.org/w/index.php?title=Datei:Horatio_Nelson.jpg *License*: unknown *Contributors*: Editor at Large, Jed, Kevyn, Madmedea, Nico-dk, Schaengel89, 2 anonymous edits

Datei:Arthur Schnitzler 1912.jpg *Source*: http://de.wikipedia.org/w/index.php?title=Datei:Arthur_Schnitzler_1912.jpg *License*: unknown *Contributors*: Kienberg-Karli, АндрейРоманенко

Datei:Bundesarchiv B 145 Bild-F055066-0024, Köln, SPD-Parteitag, Schmidt mit Ehefrau Loki cropped.jpg *Source*: http://de.wikipedia.org/w/index.php?title=Datei:Bundesarchiv_B_145_Bild-F055066-0024,_Köln,_SPD-Parteitag,_Schmidt_mit_Ehefrau_Loki_cropped.jpg *License*: unknown *Contributors*: User:Sir James

Datei:Honoré Daumier 003.jpg *Source*: http://de.wikipedia.org/w/index.php?title=Datei:Honoré_Daumier_003.jpg *License*: unknown *Contributors*: Alexandrin, AndreasPraefcke, Homonihilis, Luigi Chiesa, Mu, Scewing, Tancrède, Wst, 1 anonymous edits

Datei:DittscheImbiss.jpg *Source*: http://de.wikipedia.org/w/index.php?title=Datei:DittscheImbiss.jpg *License*: unknown *Contributors*: Sorodorin. Original uploader was Sorodorin at de.wikipedia. Later version(s) were uploaded by Sir James at de.wikipedia.

Datei:Bundesarchiv B 145 Bild-F051143-0033, Bonn, Bundeskanzlerfest-cropped.jpg *Source*: http://de.wikipedia.org/w/index.php?title=Datei:Bundesarchiv_B_145_Bild-F051143-0033,_Bonn,_Bundeskanzlerfest-cropped.jpg *License*: unknown *Contributors*: User:Sir James

Datei:Rudi Carrell 1976.jpg *Source*: http://de.wikipedia.org/w/index.php?title=Datei:Rudi_Carrell_1976.jpg *License*: unknown *Contributors*: User:Marvins21

Datei:Carrellhände.jpg *Source*: http://de.wikipedia.org/w/index.php?title=Datei:Carrellhände.jpg *License*: unknown *Contributors*: User:Xocolatl

Datei:Rudi Carrell Büste.jpg *Source*: http://de.wikipedia.org/w/index.php?title=Datei:Rudi_Carrell_Büste.jpg *License*: unknown *Contributors*: Ilona Eggers

Datei:HS LOGO FINAL HELL rgb.jpg *Source*: http://de.wikipedia.org/w/index.php?title=Datei:HS_LOGO_FINAL_HELL_rgb.jpg *License*: unknown *Contributors*: Ianusius, Marius Gancher, RomanMLink

Datei:TVtotal.png *Source*: http://de.wikipedia.org/w/index.php?title=Datei:TVtotal.png *License*: unknown *Contributors*: DH93, Jakob Gottfried, Jonathan Haas, Noddy93

Datei:Tv total.jpg *Source*: http://de.wikipedia.org/w/index.php?title=Datei:Tv_total.jpg *License*: unknown *Contributors*: Dersigner

Datei:Max Mutzke 01.jpg *Source*: http://de.wikipedia.org/w/index.php?title=Datei:Max_Mutzke_01.jpg *License*: unknown *Contributors*: User:ChrisHamburg

Datei:Stefanie Heinzmann.jpg *Source*: http://de.wikipedia.org/w/index.php?title=Datei:Stefanie_Heinzmann.jpg *License*: unknown *Contributors*: User:ChrisHH

Datei:Flag of Bosnia and Herzegovina.svg *Source*: http://de.wikipedia.org/w/index.php?title=Datei:Flag_of_Bosnia_and_Herzegovina.svg *License*: unknown *Contributors*: User:Kseferovic

Datei:Flag of Germany.svg *Source*: http://de.wikipedia.org/w/index.php?title=Datei:Flag_of_Germany.svg *License*: unknown *Contributors*: User:Madden, User:Pumbaa80, User:SKopp

Datei:Flag of Austria.svg *Source*: http://de.wikipedia.org/w/index.php?title=Datei:Flag_of_Austria.svg *License*: unknown *Contributors*: User:SKopp

Datei:Flag_of_Poland.svg *Source*: http://de.wikipedia.org/w/index.php?title=Datei:Flag_of_Poland.svg *License*: unknown *Contributors*: User:Mareklug, User:Wanted

Datei:Flag of Italy.svg *Source*: http://de.wikipedia.org/w/index.php?title=Datei:Flag_of_Italy.svg *License*: unknown *Contributors*: see below

Datei:Flag of Ireland.svg *Source*: http://de.wikipedia.org/w/index.php?title=Datei:Flag_of_Ireland.svg *License*: unknown *Contributors*: User:SKopp

Datei:Flag of Switzerland within 2to3.svg *Source*: http://de.wikipedia.org/w/index.php?title=Datei:Flag_of_Switzerland_within_2to3.svg *License*: unknown *Contributors*: User:Burts

Bild:Flag of Turkey.svg *Source*: http://de.wikipedia.org/w/index.php?title=Datei:Flag_of_Turkey.svg *License*: unknown *Contributors*: User:Dbenbenn

Datei:Flag of France.svg *Source*: http://de.wikipedia.org/w/index.php?title=Datei:Flag_of_France.svg *License*: unknown *Contributors*: User:SKopp, User:SKopp, User:SKopp, User:SKopp, User:SKopp, User:SKopp

Datei:Flag of Brazil.svg *Source*: http://de.wikipedia.org/w/index.php?title=Datei:Flag_of_Brazil.svg *License*: unknown *Contributors*: Brazilian Government

Datei:Flag of Ghana.svg *Source*: http://de.wikipedia.org/w/index.php?title=Datei:Flag_of_Ghana.svg *License*: unknown *Contributors*: Benchill, Fry1989, Henswick, Homo lupus, Indolences, Jarekt, Klemen Kocjancic, Neq00, OAlexander, SKopp, ThomasPusch, Threecharlie, Torstein, Zscout370, 5 anonymous edits

Datei:Flag of England.svg *Source*: http://de.wikipedia.org/w/index.php?title=Datei:Flag_of_England.svg *License*: unknown *Contributors*: User:Nickshanks

Bild:Flag of the Netherlands.svg *Source*: http://de.wikipedia.org/w/index.php?title=Datei:Flag_of_the_Netherlands.svg *License*: unknown *Contributors*: User:Zscout370

Datei:VfB Stuttgart Logo.svg *Source*: http://de.wikipedia.org/w/index.php?title=Datei:VfB_Stuttgart_Logo.svg *License*: unknown *Contributors*: Doktor Logo, JuTa

Datei:Logo FC St Pauli.svg *Source*: http://de.wikipedia.org/w/index.php?title=Datei:Logo_FC_St_Pauli.svg *License*: unknown *Contributors*: Benutzer:Rengel

Datei:Eintracht Frankfurt Logo.svg *Source*: http://de.wikipedia.org/w/index.php?title=Datei:Eintracht_Frankfurt_Logo.svg *License*: unknown *Contributors*: Original uploader was Te wiki at de.wikipedia

Datei:HSV-Logo.svg *Source*: http://de.wikipedia.org/w/index.php?title=Datei:HSV-Logo.svg *License*: unknown *Contributors*: Brackenheim, Phanuruch8555

Datei:1. FC Köln.svg *Source*: http://de.wikipedia.org/w/index.php?title=Datei:1._FC_Köln.svg *License*: unknown *Contributors*: Benutzer:Yellowcard, User:Ireas/Bewertung, User:ireas

Datei:FC Bayern München Logo.svg *Source*: http://de.wikipedia.org/w/index.php?title=Datei:FC_Bayern_München_Logo.svg *License*: unknown *Contributors*: Benutzer:Marsupilami

Datei:VfL Wolfsburg Logo.svg *Source*: http://de.wikipedia.org/w/index.php?title=Datei:VfL_Wolfsburg_Logo.svg *License*: unknown *Contributors*: Benutzer:Leyo, User:Ireas/Bewertung, User:ireas

Datei:FC Schalke 04 Logo.svg *Source*: http://de.wikipedia.org/w/index.php?title=Datei:FC_Schalke_04_Logo.svg *License*: unknown *Contributors*: Benutzer:Yellowcard, User:Ireas/Bewertung, User:ireas

Datei:Stefan Raab-2.jpg *Source*: http://de.wikipedia.org/w/index.php?title=Datei:Stefan_Raab-2.jpg *License*: unknown *Contributors*: Daniel Kruczynski

GNU Free Documentation License Version 1.2, November 2002 Copyright (C) 2000,2001,2002 Free Software Foundation, Inc. 59 Temple Place, Suite 330, Boston, MA 02111-1307 USA Everyone is permitted to copy and distribute verbatim copies of this license document, but changing it is not allowed.

0. PREAMBLE

The purpose of this License is to make a manual, textbook, or other functional and useful document "free" in the sense of freedom: to assure everyone the effective freedom to copy and redistribute it, with or without modifying it, either commercially or noncommercially. Secondarily, this License preserves for the author and publisher a way to get credit for their work, while not being considered responsible for modifications made by others. This License is a kind of "copyleft", which means that derivative works of the document must themselves be free in the same sense. It complements the GNU General Public License, which is a copyleft license designed for free software. We have designed this License in order to use it for manuals for free software, because free software needs free documentation: a free program should come with manuals providing the same freedoms that the software does. But this License is not limited to software manuals; it can be used for any textual work, regardless of subject matter or whether it is published as a printed book. We recommend this License principally for works whose purpose is instruction or reference.

1. APPLICABILITY AND DEFINITIONS

This License applies to any manual or other work, in any medium, that contains a notice placed by the copyright holder saying it can be distributed under the terms of this License. Such a notice grants a world-wide, royalty-free license, unlimited in duration, to use that work under the conditions stated herein. The "Document", below, refers to any such manual or work. Any member of the public is a licensee, and is addressed as "you". You accept the license if you copy, modify or distribute the work in a way requiring permission under copyright law. A "Modified Version" of the Document means any work containing the Document or a portion of it, either copied verbatim, or with modifications and/or translated into another language. A "Secondary Section" is a named appendix or a front-matter section of the Document that deals exclusively with the relationship of the publishers or authors of the Document to the Document's overall subject (or to related matters) and contains nothing that could fall directly within that overall subject. (Thus, if the Document is in part a textbook of mathematics, a Secondary Section may not explain any mathematics.) The relationship could be a matter of historical connection with the subject or with related matters, or of legal, commercial, philosophical, ethical or political position regarding them. The "Invariant Sections" are certain Secondary Sections whose titles are designated, as being those of Invariant Sections, in the notice that says that the Document is released under this License. If a section does not fit the above definition of Secondary then it is not allowed to be designated as Invariant. The Document may contain zero Invariant Sections. If the Document does not identify any Invariant Sections then there are none. The "Cover Texts" are certain short passages of text that are listed, as Front-Cover Texts or Back-Cover Texts, in the notice that says that the Document is released under this License. A Front-Cover Text may be at most 5 words, and a Back-Cover Text may be at most 25 words. A "Transparent" copy of the Document means a machine-readable copy, represented in a format whose specification is available to the general public, that is suitable for revising the document straightforwardly with generic text editors or (for images composed of pixels) generic paint programs or (for drawings) some widely available drawing editor, and that is suitable for input to text formatters or for automatic translation to a variety of formats suitable for input to text formatters. A copy made in an otherwise Transparent file format whose markup, or absence of markup, has been arranged to thwart or discourage subsequent modification by readers is not Transparent. An image format is not Transparent if used for any substantial amount of text. A copy that is not "Transparent" is called "Opaque". Examples of suitable formats for Transparent copies include plain ASCII without markup, Texinfo input format, LaTeX input format, SGML or XML using a publicly available DTD, and standard-conforming simple HTML, PostScript or PDF designed for human modification. Examples of transparent image formats include PNG, XCF and JPG. Opaque formats include proprietary formats that can be read and edited only by proprietary word processors, SGML or XML for which the DTD and/or processing tools are not generally available, and the machine-generated HTML, PostScript or PDF produced by some word processors for output purposes only. The "Title Page" means, for a printed book, the title page itself, plus such following pages as are needed to hold, legibly, the material this License requires to appear in the title page. For works in formats which do not have any title page as such, "Title Page" means the text near the most prominent appearance of the work's title, preceding the beginning of the body of the text. A section "Entitled XYZ" means a named subunit of the Document whose title either is precisely XYZ or contains XYZ in parentheses following text that translates XYZ in another language. (Here XYZ stands for a specific section name mentioned below, such as "Acknowledgements", "Dedications", "Endorsements", or "History".) To "Preserve the Title" of such a section when you modify the Document means that it remains a section "Entitled XYZ" according to this definition. The Document may include Warranty Disclaimers next to the notice which states that this License applies to the Document. These Warranty Disclaimers are considered to be included by reference in this License, but only as regards disclaiming warranties: any other implication that these Warranty Disclaimers may have is void and has no effect on the meaning of this License.

2. VERBATIM COPYING

You may copy and distribute the Document in any medium, either commercially or noncommercially, provided that this License, the copyright notices, and the license notice saying this License applies to the Document are reproduced in all copies, and that you add no other conditions whatsoever to those of this License. You may not use technical measures to obstruct or control the reading or further copying of the copies you make or distribute. However, you may accept compensation in exchange for copies. If you distribute a large enough number of copies you must also follow the conditions in section 3. You may also lend copies, under the same conditions stated above, and you may publicly display copies.

3. COPYING IN QUANTITY

If you publish printed copies (or copies in media that commonly have printed covers) of the Document, numbering more than 100, and the Document's license notice requires Cover Texts, you must enclose the copies in covers that carry, clearly and legibly, all these Cover Texts: Front-Cover Texts on the front cover, and Back-Cover Texts on the back cover. Both covers must also clearly and legibly identify you as the publisher of these copies. The front cover must present the full title with all words of the title equally prominent and visible. You may add other material on the covers in addition. Copying with changes limited to the covers, as long as they preserve the title of the Document and satisfy these conditions, can be treated as verbatim copying in other respects. If the required texts for either cover are too voluminous to fit legibly, you should put the first ones listed (as many as fit reasonably) on the actual cover, and continue the rest onto adjacent pages. If you publish or distribute Opaque copies of the Document numbering more than 100, you must either include a machine-readable Transparent copy along with each Opaque copy, or state in or with each Opaque copy a computer-network location from which the general network-using public has access to download using public-standard network protocols a complete Transparent copy of the Document, free of added material. If you use the latter option, you must take reasonably prudent steps, when you begin distribution of Opaque copies in quantity, to ensure that this Transparent copy will remain thus accessible at the stated location until at least one year after the last time you distribute an Opaque copy (directly or through your agents or retailers) of that edition to the public. It is requested, but not required, that you contact the authors of the Document well before redistributing any large number of copies, to give them a chance to provide you with an updated version of the Document.

4. MODIFICATIONS

You may copy and distribute a Modified Version of the Document under the conditions of sections 2 and 3 above, provided that you release the Modified Version under precisely this License, with the Modified Version filling the role of the Document, thus licensing distribution and modification of the Modified Version to whoever possesses a copy of it. In addition, you must do these things in the Modified Version: A. Use in the Title Page (and on the covers, if any) a title distinct from that of the Document, and from those of previous versions (which should, if there were any, be listed in the History section of the Document). You may use the same title as a previous version if the original publisher of that version gives permission. B. List on the Title Page, as authors, one or more persons or entities responsible for authorship of the modifications in the Modified Version, together with at least five of the principal authors of the Document (all of its principal authors, if it has fewer than five), unless they release you from this requirement. C. State on the Title page the name of the publisher of the Modified Version, as the publisher. D. Preserve all the copyright notices of the Document. E. Add an appropriate copyright notice for your modifications adjacent to the other copyright notices. F. Include, immediately after the copyright notices, a license notice giving the public permission to use the Modified Version under the terms of this License, in the form shown in the Addendum below. G. Preserve in that license notice the full lists of Invariant Sections and required Cover Texts given in the Document's license notice. H. Include an unaltered copy of this License. I. Preserve the section Entitled "History", Preserve its Title, and add to it an item stating at least the title, year, new authors, and publisher of the Modified Version as given on the Title Page. If there is no section Entitled "History" in the Document, create one stating the title, year, authors, and publisher of the Document as given on its Title Page, then add an item describing the Modified Version as stated in the previous sentence. J. Preserve the network location, if any, given in the Document for public access to a Transparent copy of the Document, and likewise the network locations given in the Document for previous versions it was based on. These may be placed in the "History" section. You may omit a network location for a work that was published at least four years before the Document itself, or if the original publisher of the version it refers to gives permission. K. For any section Entitled "Acknowledgements" or "Dedications", Preserve the Title of the section, and preserve in the section all the substance and tone of each of the contributor acknowledgements and/or dedications given therein. L. Preserve all the Invariant Sections of the Document, unaltered in their text and in their titles. Section numbers or the equivalent are not considered part of the section titles. M. Delete any section Entitled "Endorsements". Such a section may not be included in the Modified Version. N. Do not retitle any existing section to be Entitled "Endorsements" or to conflict in title with any Invariant Section. O. Preserve any Warranty Disclaimers. If the Modified Version includes new front-matter sections or appendices that qualify as Secondary Sections and contain no material copied from the Document, you may at your option designate some or all of these sections as invariant. To do this, add their titles to the list of Invariant Sections in the Modified Version's license notice. These titles must be distinct from any other section titles. You may add a section Entitled "Endorsements", provided it contains nothing but endorsements of your Modified Version by various parties--for example, statements of peer review or that the text has been approved by an organization as the authoritative definition of a standard. You may add a passage of up to five words as a Front-Cover Text, and a passage of up to 25 words as a Back-Cover Text, to the end of the list of Cover Texts in the Modified Version. Only one passage of Front-Cover Text and one of Back-Cover Text may be added by (or through arrangements made by) any one entity. If the Document already includes a cover text for the same cover, previously added by you or by arrangement made by the same entity you are acting on behalf of, you may not add another; but you may replace the old one, on explicit permission from the previous publisher that added the old one. The author(s) and publisher(s) of the Document do not by this License give permission to use their names for publicity for or to assert or imply endorsement of any Modified Version.

5. COMBINING DOCUMENTS

You may combine the Document with other documents released under this License, under the terms defined in section 4 above for modified versions, provided that you include in the combination all of the Invariant Sections of all of the original documents, unmodified, and list them all as Invariant Sections of your combined work in its license notice, and that you preserve all their Warranty Disclaimers. The combined work need only contain one copy of this License, and multiple identical Invariant Sections may be replaced with a single copy. If there are multiple Invariant Sections with the same name but different contents, make the title of each such section unique by adding at the end of it, in parentheses, the name of the original author or publisher of that section if known, or else a unique number. Make the same adjustment to the section titles in the list of Invariant Sections in the license notice of the combined work. In the combination, you must combine any sections Entitled "History" in the various original documents, forming one section Entitled "History"; likewise combine any sections Entitled "Acknowledgements", and any sections Entitled "Dedications". You must delete all sections Entitled "Endorsements".

6. COLLECTIONS OF DOCUMENTS

You may make a collection consisting of the Document and other documents released under this License, and replace the individual copies of this License in the various documents with a single copy that is included in the collection, provided that you follow the rules of this License for verbatim copying of each of the documents in all other respects. You may extract a single document from such a collection, and distribute it individually under this License, provided you insert a copy of this License into the extracted document, and follow this License in all other respects regarding verbatim copying of that document.

7. AGGREGATION WITH INDEPENDENT WORKS

A compilation of the Document or its derivatives with other separate and independent documents or works, in or on a volume of a storage or distribution medium, is called an "aggregate" if the copyright resulting from the compilation is not used to limit the legal rights of the compilation's users beyond what the individual works permit. When the Document is included in an aggregate, this License does not apply to the other works in the aggregate which are not themselves derivative works of the Document. If the Cover Text requirement of section 3 is applicable to these copies of the Document, then if the Document is less than one half of the entire aggregate, the Document's Cover Texts may be placed on covers that bracket the Document within the aggregate, or the electronic equivalent of covers if the Document is in electronic form. Otherwise they must appear on printed covers that bracket the whole aggregate.

8. TRANSLATION

Translation is considered a kind of modification, so you may distribute translations of the Document under the terms of section 4. Replacing Invariant Sections with translations requires special permission from their copyright holders, but you may include translations of some or all Invariant Sections in addition to the original versions of these Invariant Sections. You may include a translation of this License, and all the license notices in the Document, and any Warranty Disclaimers, provided that you also include the original English version of this License and the original versions of those notices and disclaimers. In case of a disagreement between the translation and the original version of this License or a notice or disclaimer, the original version will prevail. If a section in the Document is Entitled "Acknowledgements", "Dedications", or "History", the requirement (section 4) to Preserve its Title (section 1) will typically require changing the actual title.

9. TERMINATION

You may not copy, modify, sublicense, or distribute the Document except as expressly provided for under this License. Any other attempt to copy, modify, sublicense or distribute the Document is void, and will automatically terminate your rights under this License. However, parties who have received copies, or rights, from you under this License will not have their licenses terminated so long as such parties remain in full compliance.

10. FUTURE REVISIONS OF THIS LICENSE

The Free Software Foundation may publish new, revised versions of the GNU Free Documentation License from time to time. Such new versions will be similar in spirit to the present version, but may differ in detail to address new problems or concerns. See http://www.gnu.org/copyleft/. Each version of the License is given a distinguishing version number. If the Document specifies that a particular numbered version of this License "or any later version" applies to it, you have the option of following the terms and conditions either of that specified version or of any later version that has been published (not as a draft) by the Free Software Foundation. If the Document does not specify a version number of this License, you may choose any version ever published (not as a draft) by the Free Software Foundation. ADDENDUM: How to use this License for your documents To use this License in a document you have written, include a copy of the License in the document and put the following copyright and license notices just after the title page: Copyright (c) YEAR YOUR NAME. Permission is granted to copy, distribute and/or modify this document under the terms of the GNU Free Documentation License, Version 1.2 or any later version published by the Free Software Foundation; with no Invariant Sections, no Front-Cover Texts, and no Back-Cover Texts. A copy of the license is included in the section entitled "GNU Free Documentation License". If you have Invariant Sections, Front-Cover Texts and Back-Cover Texts, replace the "with...Texts." line with this: with the Invariant Sections being LIST THEIR TITLES, with the Front-Cover Texts being LIST, and with the Back-Cover Texts being LIST. If you have Invariant Sections without Cover Texts, or some other combination of the three, merge those two alternatives to suit the situation. If your document contains nontrivial examples of program code, we recommend releasing these examples in parallel under your choice of free software license, such as the GNU General Public License, to permit their use in free software.

Printed by Books on Demand GmbH, Norderstedt / Germany